Zu diesem Buch

Wer hätte gedacht, daß der Frostspanner seinen Hochzeitsflug im Dezember startet? Und daß der Fichtenkreuzschnabel mitten im Winter beim Brüten zu beobachten ist? Oder Wasserinsekten auf dem Boden des Teiches überwintern, weil es dort am wärmsten ist?

Das sind nur drei Beispiele für die vielen überraschenden Informationen und aufregenden Beobachtungen, die für Eltern wie für Kinder gleichermaßen interessant sind.

Natürlich ist auch die Rede von Wildfütterung und Winterschlaf, von Winterstarre und Winterknospen. Und es gibt wieder viele Vorschläge für kleine Experimente und größere Aktionen. Die vierfarbigen Illustrationen, die vielen Zeichnungen und Fotos vermitteln anschaulich die Botschaft des Textes: Kinder sind fasziniert von der Natur, man muß sie nur zu begeistern wissen.

Bereits erschienen: «Frühling» (rororo Nr. 8828), «Sommer» (Nr. 8829) und «Herbst» (Nr. 8830).

KARIN MÖNKEMEYER, Jahrgang 1938, ist Diplomvolkswirtin und arbeitet seit 1964 journalistisch, seit 1988 freiberuflich. In der Reihe «Mit Kindern leben» sind u. a. erschienen: «Spiele für alle fünf Sinne» (rororo Nr. 8462) und «Wie Kinder Freunde werden» (rororo Nr. 8577).

Anregungen und Kritik bitte an folgende Adresse: Büro für wissenschaftliche Publizistik Dr. Horst Speichert, Emanuel-Geibel-Str. 18, 6200 Wiesbaden. Hier erhalten Sie auch gegen Voreinsendung eines als Drucksache frankierten DIN-A6-Umschlags einen Prospekt (ca. 80 Titel) der Reihe «Mit Kindern leben».

Karin Mönkemeyer

Winter

Mit Kindern Umwelt und Natur entdecken

Rowohlt

Herausgegeben
von Bernhard Schön und Horst Speichert

Umschlaggestaltung:
Peter Wippermann / Jürgen Kaffer
(Foto: Dave Reede / Image Finders / Transglobe)
Zeichnungen: Anne Coels, Wiesbaden
Vignetten: Hella Langosch, Hamburg
Fotos: Kristin Salchow, Hamburg, außer auf den Seiten 9 (Wildpark Schömberg), 52 (Neugebauer), 83 (Museum für Naturkunde, Berlin), 85 (Naturkundemuseum Görlitz und Zürich)

Redaktion: Bernhard Schön

Originalausgabe
Veröffentlicht im Rowohlt Taschenbuch Verlag GmbH,
Reinbek bei Hamburg, Oktober 1991

Satz Times PostScript Linotype Library, PM 4.0
Langosch Grafik + DTP, Hamburg
Gesamtherstellung Clausen & Bosse, Leck
Printed in Germany
1480-ISBN 3 499 18831 7

Inhalt

Zuvor

Dieser vierte Band der Reihe «Mit Kindern Umwelt und Natur entdecken» schließt den Jahreskreis. Sollte dieses jedoch der erste Band sein, den Sie in die Hand bekommen haben, können Sie auch mit ihm beginnen, sich auf der Reise durch ein Jahr begleiten lassen.

Wir bieten Ihnen in allen vier Bänden Appetithäppchen, mit denen Sie in Ihrem Kind die erfreulichste Gier wecken können, die es gibt: die Neugier, die Begierde, immer mehr Neues zu erfahren, Unbekanntes zu erleben.

Auch diesmal regen wir Beobachtungen und Experimente im Garten, im Laub- und Nadelwald, in den Bergen und am See an. Wir widmen uns aber auch intensiver als sonst dem Wetter, weil wir im Winter alle Niederschläge beobachten können, Regen, Nebel, Graupelschauer und Schnee.

Es geht natürlich auch um Winterschlaf, Winterruhe, Winterstarre und all die anderen Möglichkeiten, die für Tiere harten Zeiten zu überstehen. Es geht darum zu erleben, wie zum Beispiel in den Winterknospen der Laubbäume sich schon längst der kommende Frühling vorbereitet hat. Ruhepause der Natur vor dem neuen Erwachen, das ist diesmal das beherrschende Thema.

Zum Dessert sozusagen bietet dieses Bändchen noch etwas ganz Besonderes: Im Winter wird es viel früher dunkel als in den anderen Jahreszeiten. Und darum regt es an, die Augen Ihres Kindes einmal über den Sternhimmel zu führen. Man hat ihn oft schon das größte Bilderbuch der Welt genannt. Viele Sternbilder erinnern an griechische Götter- und Heldensage, regen aber auch uns Heutige an, Geschichten zu sehen, zu träumen.

Wie in allen vorangegangenen Bändchen schlagen wir auch im Winter für jeden Monat eine Aktion für den Naturschutz vor. Weil uns diesmal das Wet-

Nur in Wildparks können Kinder so nahe an Rehe und Hirsche heran. Sonst gilt: In respektvoller Entfernung und gegen den Wind beobachten

ter intensiver beschäftigt, könnten Sie gerade im Dezember, in dem es ja meist noch reichlich regnet, damit beginnen, durch das Nutzen von Regenwasser geklärtes Leitungswasser zu sparen. Das kann allerdings keine Aktion sein, die auf diesen Monat beschränkt ist.

Im Januar geht es dann um das umweltgerechte Streuen bei Eis und Schnee. Und im Februar schlagen wir vor, Warnschilder und Schutzzäune für Amphibien vorzubereiten.

Der Winter ist eine Zeit, von der viele meinen, da gäbe es in der Natur wenig zu beobachten. Zwar sind die meisten Tiere, die uns in den anderen Jahreszeiten in ihren Bann ziehen, nicht oder weniger aktiv, aber Sie werden, wenn Sie einige unserer Anregungen aufgreifen, selbst erleben, daß auch die Beobachtungen im Winter aufregend sind.

Ich möchte mich wieder herzlich bei allen Naturschutzverbänden bedanken, die mich unterstützt haben. Ihre Anschriften sind im Anhang zum Band «Frühling» aufgeführt. Besonderen Dank schulde ich erneut dem Naturschutzbund Deutschland (ehemals Deutscher Vogelschutzbund). Vor allem Hans Joachim Spitzenberger vom Naturschutzbund Hamburg gab mir wertvolle Hinweise. Die Fotos machte zumeist wieder Kristin Salchow, die eine Panda-Gruppe in Hamburg leitet.

Der Garten im Winter

Was jetzt in manchen Gärten blüht

Im Winter gibt es im Garten nichts zu sehen, denken manche. Und für die meisten Gärten haben sie sogar recht. Manche Hobby-Gärtner aber haben ihren Garten so gestaltet, daß auch in der kalten Jahreszeit immer etwas los ist. Und kommt man jetzt an einem solchen Garten vorbei, bleibt man unwillkürlich fasziniert stehen.

Wenn auf dem Boden noch keine Schneedecke liegt und noch kein Frost herrscht, entfaltet sich in dieser Zeit die zarte Blüte der Christrose. Wie eine Fata Morgana vom kommenden Frühling leuchten uns die weißen, manchmal rötlich unterlaufenen Blütenblätter entgegen, schimmern strahlend im Kontrast zu den immergrünen Grundblättern.

Wie ein Wunder in grauer Zeit erscheint uns auch der Winter-Jasmin. Die mit den kleinen gelben Sternblüten besetzten Ruten neigen sich sanft zum Boden. Wird der drohende Frost diese zierlichen Gebilde nicht unbarmherzig zerbrechen? Diese Blüten werden sehr wahrscheinlich bald erfrieren.

1 Christrosen
2 Winter-jasmin
3 Efeu
4 Hundsrose
5 Persischer Ehrenpreis
6 Ringeltaube
7 Amsel
8 Feldsperling
9 Hecken-braunelle
10 Buntspecht
11 Buchfink
12 Eichelhäher
13 Kohlmeise
14 Blaumeise
15 Rötelmaus

Aber das wird den Strauch nicht daran hindern, im Februar oder März noch einmal zu blühen, unbeirrt als sei nichts geschehen.

Vielleicht ist eine Mauer oder sogar die Hauswand hoch mit Efeu bewachsen, der auch dem Winter-Garten einen grünen Hintergrund gibt. Jetzt hängen noch Beeren in den Zweigen, von denen die Ringeltauben in den Garten gelockt werden. Auch Grauschnäpper und Zaunkönig tauchen im Efeu auf, weil sie ihn als Deckung besonders lieben.

Der Strauch der Hundsrose ist zwar längst von Blättern leergefegt, doch die leuchtenden Hagebutten, die meist den ganzen Winter über an den Zweigen hängen, ziehen die Drosseln magisch an, weil sie ihr saftiges Fruchtfleisch so gern mögen, und auch die Finken, die dieses weghacken, um an die Kerne heranzukommen, für sie eine Delikatesse. Manchmal klettert recht weit oben im Gestrüpp der Rose auch eine Rötelmaus herum, die den ganzen Winter über aktiv ist und auf deren Speisezettel die Hagebutten ebenfalls stehen.

An geschützen Stellen kann im Dezember auch der persische Ehrenpreis noch blühen, der blaue Tupfer ins Bild setzt.

Wenn dann der erste Schnee gefallen ist und Frost vor allem die Nächte beherrscht, muß ein Garten ebensowenig leblos sein. Neben der Hundsrose haben auch Berberitze, Schlehen und Eberesche noch ihre Beeren, die gerade im Kontrast zum Schneeweiß die Blicke nicht nur der Vögel anziehen. Und: Zumindest wer Kinder hat, wird in seinem Garten auch ein paar Futterstellen für Vögel errichten, an denen man den ganzen Winter über viele verschiedene Vögel beobachten kann.

Gefiederte Gäste im Winter-Garten

Ein Vogelhäuschen bietet auch Stadtmenschen eine gute Chance, bestimmte Tiere einmal längere Zeit im Auge zu behalten. Da die Vögel einen einmal entdeckten Futterplatz regelmäßig anfliegen, läßt sich die Zeit fürs Beobachten fast fest ins Tagesprogramm einplanen. Das Kind wird dann besonders begeistert sein, wenn es schon beim Basteln der Futterstelle helfen durfte und wenn es – je nach Alter – dann auch an ihrer Kontrolle beteiligt oder ihm diese gar verantwortlich übertragen wird. Außerdem braucht ein Kind, soll es bei der Stange bleiben, auch immer wieder einmal neue Tips, auf welche Vorgänge es sein Augenmerk richten könnte.

Umstritten ist allerdings, ob die Winterfütterung auch für die Vogelwelt eine Wohltat ist. Ihre Gegner weisen darauf hin, daß nur die häufigsten Vogelarten Nutznießer sind und nicht die, deren Bestand bedroht ist. Und: Die Nutznießer entgingen durch die menschliche Fürsorge der natürlichen Auslese, was der Art sogar schade.

Mittlerweile ist allerdings erwiesen, daß die Winterfütterung auf den Bestand einer Vogelart nur unerheblichen Einfluß hat. Überleben zu viele einer Art den Winter, findet nämlich meist nur ein Teil von ihnen geeignete Nistmöglichkeiten. Und darum werden viele, die zwar überleben konnten, nun nicht zum Bruterfolg kommen. Und gibt es tatsächlich einmal mehr Nistmöglichkeiten als zur Erhaltung der Art nötig wären, schlüpfen also in einem Frühling einmal tatsächlich erheblich mehr Junge aus dem Ei als gewöhnlich, so locken diese starken Jahrgänge dann mit Sicherheit entsprechend mehr Feinde der Art an.

So nehmen wir Menschen mit unseren Vogelhäuschen kaum einen regulierenden Einfluß auf den Bestand einer Art. Im allgemeinen sind die

Kinder sind begeistert dabei, wenn sie ihr Vogelhäuschen selbständig betreuen dürfen.

Vögel, die im Herbst nicht wegziehen, durchaus in der Lage, den Winter ohne menschliche Fürsorge zu überstehen. Extrem harte Winter, sogar schon wenige Tage mit Frösten von mehr als zwanzig Minusgraden aber können Vögeln lebensgefährlich werden. In solchen Zeiten müssen wir darum den Vögeln helfen. Dann allerdings reicht das normale Futterangebot im Vogelhäuschen nicht aus. Denn so starker Frost panzert die Stämme und Äste der Bäume mit einer harten Eisschicht und versperrt den Vögeln den Zugang zu ihrer wichtigsten Nahrungsquelle. Aus den Rindenritzen nämlich picken sie sich sonst überwinternde Insekten und Larven heraus. In so harten Zeiten brauchen die Vögel vor allem tierische Nahrung. Besonders gut geeignet sind dann Mehlwürmer aus der Zoohandlung.

In normalen Wintern aber kämen die Vögel ganz gut ohne menschliche Fürsorge aus. Trotzdem ist vor allem der Kinder wegen gegen sachgerechtes Füttern nichts einzuwenden.

Fünf Regeln für sachgerechtes Füttern

• Man beginnt mit dem Füttern, wenn der Boden gefroren und mit Schnee bedeckt ist. Im Vorfrühling wird Futter nur noch an kalten Tagen angeboten.
Es ist ein weitverbreiteter Irrtum, daß man ein Vogelhäuschen bereits im Herbst aufstellen sollte, damit sich die Vögel an die Futterquelle gewöhnen können. Im Herbst ist der Tisch für die Vögel in der Natur besonders reichhaltig gedeckt mit Beeren, Sämereien und Kleinstlebewesen. Ist der Winter dann mit Frost und Schnee und Nahrungsengpässen wirklich eingezogen, gibt es stets ein paar findige Vögel, die das neu aufgestellte Vogelhaus auch entdecken. Und die anderen folgen schnell.

• Essensreste gehören nicht ins Vogelhaus. Besonders gefährlich sind quellende Nahrungsmittel wie Brot und Zwieback. Sie quellen im Vogelmagen und schaden den Tieren. Auch Gesalzenes ist Gift. Der Stoffwechsel der Vögel kann das Salz nicht verkraften. So gern viele Vögel zum Beispiel Nüsse mögen: Gesalzene Nüsse sind tabu! Was die Reste aus der Küche angeht, so gibt es nur zwei akzeptable Ausnahmen: Kleingeschnittene Obstreste und Schwarten von ungesalzenem Speck. Die Speckschwarten müssen aber in Streifen von nicht mehr als fünf Zentimetern Breite geschnitten sein. Sind sie breiter, streichen sich die Vögel ihr Gefieder an ihnen mit Fett ein, was den Wärmehaushalt durcheinanderbringt.

• Das Futter darf nie naß werden. In nassem Futter vermehren sich Krankheitskeime schon bei nur wenigen Graden über Null. Und dann kann ein Vogelhaus schnell zur Ansteckungsgefahr werden.

• Die Futterstelle muß so konstruiert sein, daß sich Futter und Kot nie vermischen.
Durch Vermischung von Futter und Kot kann es nämlich vor allem im Spätwinter zu epidemieartigem Auftreten von Salmonellen kommen.

• Findet man einen toten Vogel in der Nähe einer Futterstelle, wird das Füttern sofort eingestellt.
Es hat wenig Sinn, nach den Ursachen des Todes zu forschen. Für einen Laien ist das Problem kaum zu lösen. Man beseitigt statt dessen sofort alle Futterreste und reinigt das Vogelhaus mit kochendem Wasser oder mit reinem Äthylalkohol, einem ökologisch unbedenklichen Mittel. Dann darf der Tisch mit frischem Futter für die Vögel wieder gedeckt werden.

Im Dezember regieren nur selten schon Frost und Schnee. Meist reicht es, wenn Sie jetzt darangehen, zusammen mit dem Kind die Futterstellen vorzubereiten oder zu bauen. Es kommt darauf an, solche Futterstellen herzurichten, die ein artengerechtes Füttern möglich machen.
Ideal ist ein Futterautomat. In ihm können sich Futter und Kot nicht vermischen.

Von außen sieht der Automat so aus:

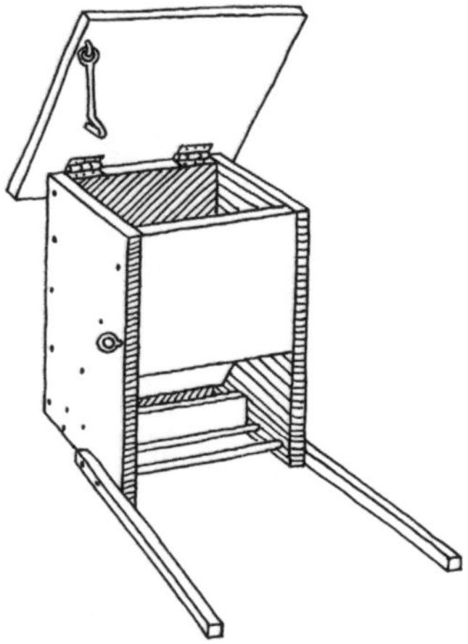

Innen sieht er so aus:

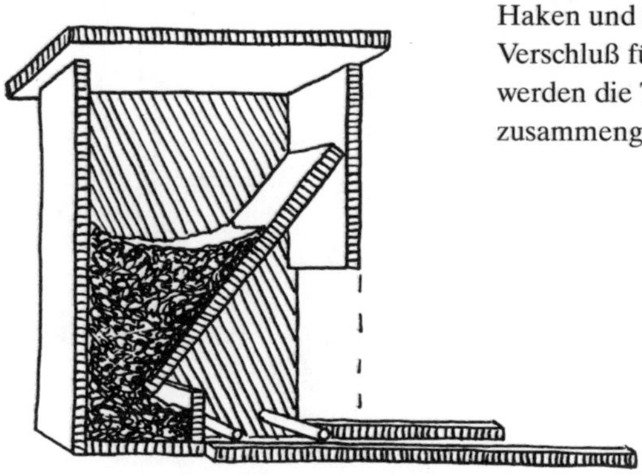

Der Futterautomat sollte aus unbehandeltem Holz oder aus Holzbeton bestehen. Wählen Sie eine Brettstärke von 20 mm. Sie brauchen folgende Formate:

eine Rückwand 250 x 140 mm
eine Vorderwand 160 x 140 mm
2 Seitenwände je 250 x 200 mm
einen Boden 80 x 140 mm
eine Innenwand 210 x 140 mm
eine Leiste (L) 10 x 10 x 140 mm
2 runde Sitzstangen ø 10 mm, 180 mm lang
2 Anflugstangen ø 10 x 400 mm
Außerdem brauchen Sie ca. 42 Nägel, zwei Scharniere, einen Haken und zwei Ösen als Verschluß für das Dach. Nun werden die Teile am besten so zusammengenagelt:

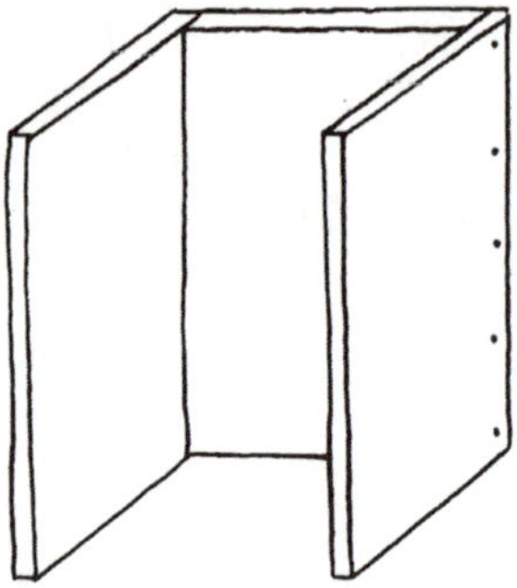

Die Seitenwände an die Rückwand nageln!

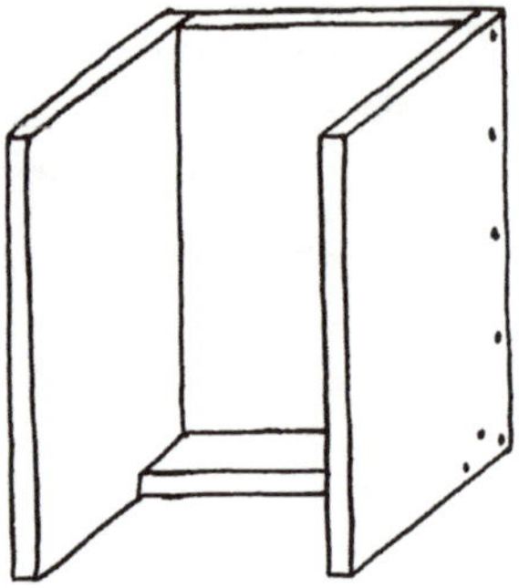

Den Boden durch die Wände nageln!

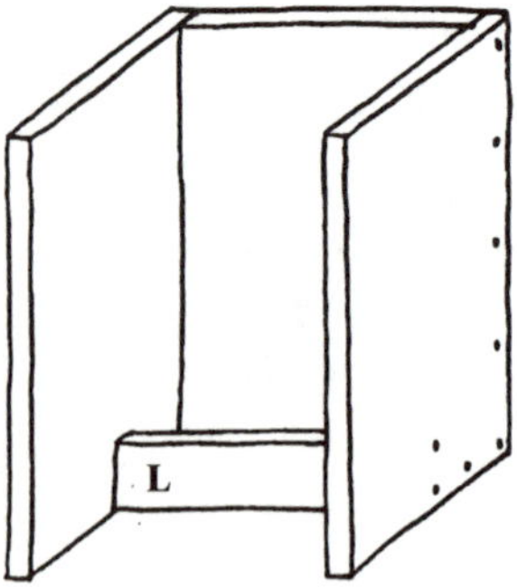

Die Leiste (L) annageln!

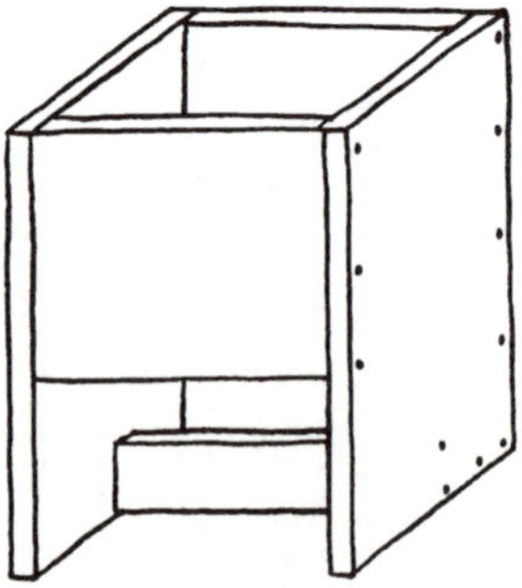

Die Vorderwand wird eingefügt und durch die Seitenwände festgenagelt.

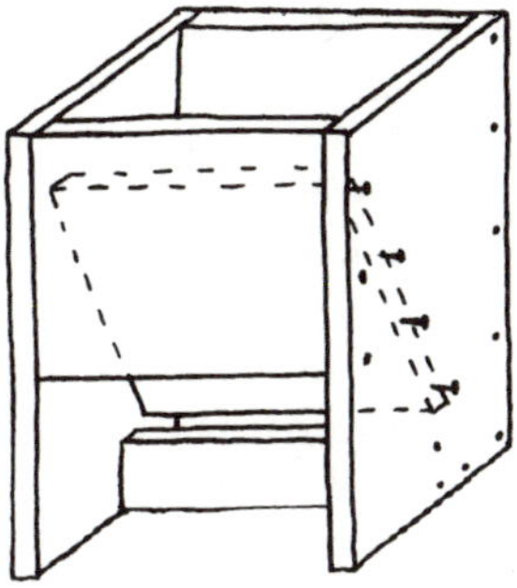

Die Innenwand einpassen, den Kasten auf die Seitenwand legen und durch die andere festnageln. Kasten umdrehen und die zweite Kante der Innenwand durch die zweite Seitenwand festnageln.

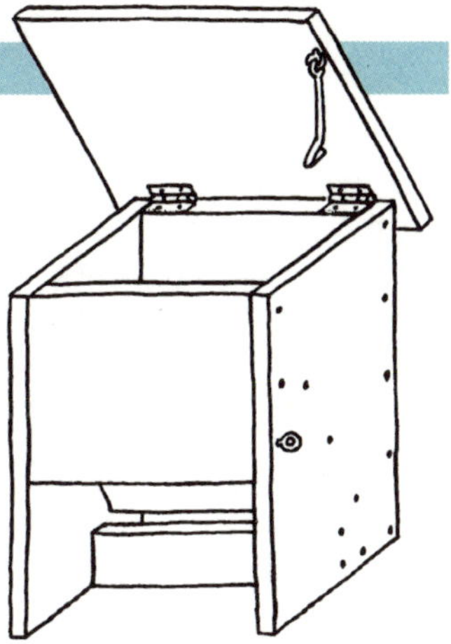

Das Dach mit zwei Scharnieren an der Rückwand befestigen. Haken und Ösen als Verschluß der Dachklappe anbringen.

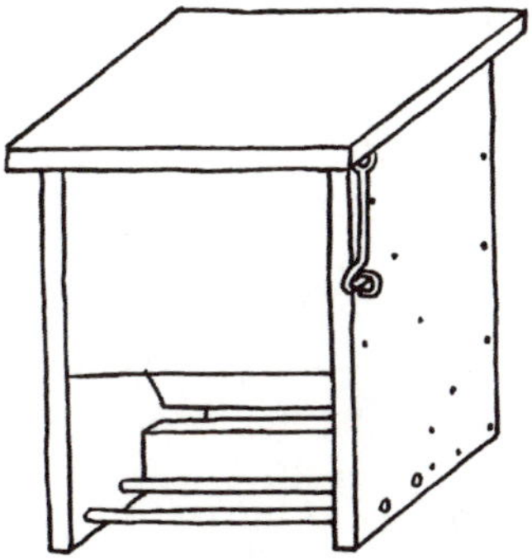

Die vier Löcher für die zwei Sitzstangen bohren und die Rundstäbe einfügen!

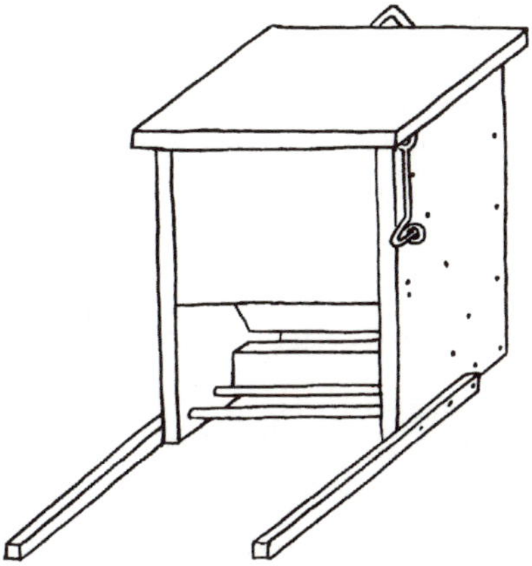

Die beiden Anflugstangen an die beiden Seitenwände nageln und eine Aufhängevorrichtung anbringen!

Für die Vögel ist diese Konstruktion ideal. Ist dieser Futterautomat jedoch die einzige Futterstelle, können die Kinder nicht optimal beobachten. Darum sollten Sie diesen für Vögel anziehenden Futterautomaten durch einige weitere Futterstellen ergänzen, die optimales Beobachten möglich machen.
Besonders schön zu beobachten ist das Picken an Futterglocken. Sie sind schnell und unkompliziert herzustellen. Eine Möglichkeit: Die Schale einer halben Kokosnuß ist die Glocke. Durch ein Bohrloch wird ein Rundstab geschoben, der innen mit einer kleinen Leiste gehalten wird.
Der Stab ist länger als die Nußhälfte, weil er später noch als Anflug- und Sitzstange dient. Mit einer Kokosfettmischung (siehe Seite 23) füllen. Wenn die zunächst erwärmte Mischung erkaltet und fest ist, kann die Glocke an einem Ast aufgehängt werden.
Auch aus einem Ton-Blumentopf kann ein Kind auf die beschriebene Weise eine Futterglocke basteln. Sie hat den Vorteil, daß man sie außen auch noch hübsch bemalen kann.
Wer Meisenringe oder Meisenbällchen spendieren möchte, könnte durch eine einfache Dach-Ständer-Konstruktion dafür sorgen, daß dieses meist sehr beliebte Futter stets trocken bleibt.
Wer auf sein konventionelles Futterhäuschen nicht verzichten möchte, kann auch nachträglich noch einen Futterautomaten einbauen, um die sonst mögliche, oft starke Vermischung von Futter und Kot weitgehend zu vermeiden (siehe Seite 11).

Aus der Schale einer halben Kokosnuß ist eine Futterglocke leicht herzustellen

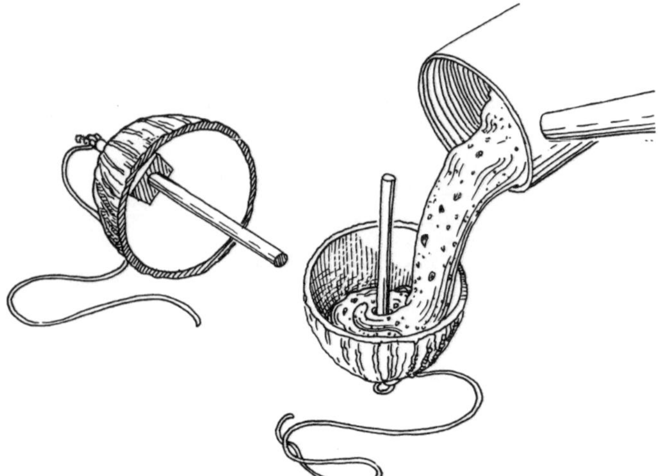

Mit dieser Dachkonstruktion bleiben Meisenringe und -bällchen trocken

Für Vögel, die nur oder gern Futter von der Erde picken, kann schnell eine einfache Futterschütte improvisiert werden. Entfernen Sie aus einer Holzkiste zwei Seitenwände und stützen Sie das Dach mit einer durch Dach und Boden angenagelten Leiste. Das könnte dann so aussehen:

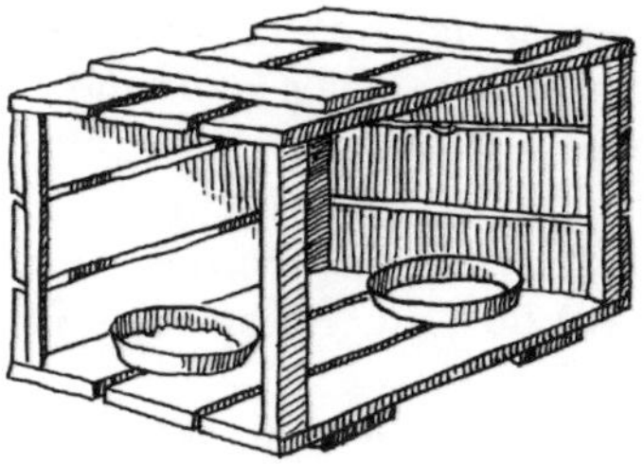

Wenn Sie in einer Futterschütte Trinkwasser anbieten: Nehmen Sie es bei Frost heraus. Nach einem Bad käme sonst der Wärmehaushalt der Vögel durcheinander

Wenn Sie mögen, können Sie hier auch gut eine Vogeltränke unterbringen. Zwingend notwendig ist es nicht, Wasser anzubieten, denn die Vögel können ihren Flüssigkeitsbedarf durchaus aus ihrem Futter oder auch aus dem Schnee decken.

Später, wenn es losgeht mit der Fütterung, können noch mancherlei Delikatessen unkompliziert angeboten werden. Schnell ist zum Beispiel eine Erdnuß-Kette hergestellt und angebracht: Das Kind fädelt die Erdnüsse, die in der Schale bleiben, einfach auf einen dünnen Draht, der dann an einem Ast befestigt wird. Gibt es in Ihrer Wohngegend Spechte, können Sie für diese Vögel eine weitere Futterstelle herrichten:

Bohren Sie in ein Stück Baumstamm ein paar größere Löcher. Füllen Sie sie mit Futter. Schrauben Sie oben eine Öse ein und befestigen Sie das Stamm-Stück mit einem dünnen Draht an einem Ast.

Bohrlöcher in einem Stück Baumstamm, mit Fettfutter gefüllt, ziehen Buntspechte an

Was Vögel besonders gern mögen

Welches Futter Sie den Vögeln anbieten sollten, hängt vor allem davon ab, welche Arten in Ihrer Wohngegend leben. Zunächst unterscheidet man Körner- und Weichfresser. Sie brauchen unterschiedliches Futter. Körnerfresser unter unseren häufigsten Wintergästen sind Meisen, Finken, Dompfaffen, Zeisige, Kleiber, Kernbeißer, Buntspechte und auch Sperlinge. Zu den Weichfressern, die jetzt am häufigsten in unseren Gärten zu sehen sind, gehören vor allem die Amseln, andere Drosselarten (Amseln sind ja Schwarzdrosseln!), Rotkehlchen und Heckenbraunellen.

Wer nicht so gern bastelt, kann natürlich Futtergeräte auch im Fachhandel kaufen oder beim DNV-Versand (Max-Planck-Str. 10, 7014 Kornwestheim) bestellen.

Es gibt im Zoohandel fertig gemischtes, abgepacktes Futter sowohl für Körnerfresser (als «Waldvogelfutter» oder «Streufutter») als auch für Weichfresser. Billiger ist es aber, die einzelnen Bestandteile zu kaufen und selbst zu vermischen. Man hat dann beim Nachkauf auch die Möglichkeit, vor allem die Teile zu wählen, die die Vögel im eigenen Garten bevorzugt haben. Eine Grundmischung für Körnerfresser besteht zu etwa einem Drittel aus Sonnenblumenkernen, zu einem Drittel aus Hanf und zu einem Drittel aus einer Mischung aus Hafer, Weizen, Mohn und Hirse. Reines Körnerfutter kann in einen Futterautomaten gefüllt werden. Hier muß nur etwa einmal die Woche Futter nachgefüllt werden.

Sie können Körnerfressern auch eine Fett-Körner-Mischung anbieten. Vor allem Meisen lieben sie sehr. Sie sind im Sommer Insektenfresser und stellen sich für den Winter auf überwiegend vegetarische Nahrung um. Mit dem Fett bekommen sie dann auch in der kalten Jahreszeit ausreichend tierisches Eiweiß. So eine Fett-Körner-Mischung ist in Meisenringen zum Beispiel enthalten. Aber Sie können Sie auch selbst herstellen.

Am wenigsten Mühe macht es, Vögeln Futter anzubieten, wenn man Meisenringe oder -bällchen kauft und sie in dicht benadelte Fichten oder Tannen hängt, die das Futter trocken halten

Mit Kindern gemeinsam

Eine einfache Fett-Körner-Mischung ist wirklich kinderleicht herzustellen. 200 g Rindertalg wird in kleine Stücke geschnitten und erhitzt. Hat er sich aufgelöst, werden 100 g Weizenkleie eingerührt. Ein Schuß Salatöl sorgt dafür, daß die Masse auch bei größerer Kälte nicht brüchig wird. Daraus entsteht eine lockere, bröselige Masse, die von vielen Vögeln, auch von Weichfressern angenommen wird. Man kann sie aufs Futterbrett geben oder in eine Schütte am Boden.
Soll die Fett-Körner-Mischung in eine Futterglocke gegossen werden, muß das Mischungsverhältnis anders sein: etwa 300 g Rindertalg und 50 g Weizenkleie. Die Mischung kann vielfältig variiert werden. Man kann statt Weizenkleie eine Mischung aus Weizenkleie und Haferflocken wählen. Man kann auch kleingeschnittene Nüsse beimengen. Ebenso kann man Sonnenblumenkerne, Hanfsamen, Kleie und Haferflocken einrühren. Wichtig ist immer:
Der Nahrungsbrei muß noch warm in die Futterglocke (s. Seite 20) eingefüllt werden.
Weichfresser, also vor allem die Amseln, die anderen Drosselarten, die Rotkehlchen und die Heckenbraunellen, nehmen zwar auch von der Fettfuttermischung an, brauchen aber außerdem lose Haferflocken, Rosinen, Korinthen, kleingeschnittenes Obst.

Spätestens für den kommenden Herbst sollten Sie sich vornehmen, zusammen mit Ihrem Kind Beeren zu sammeln, die Sie dann trocknen und für die Vogelfütterung im Winter reservieren. Vor allem die Weichfresser werden es durch ihren häufigen Besuch zu danken wissen. Sie lieben besonders die Beeren der Eberesche, die ja den bezeichnenden Namen Vogelbeeren haben, die Beeren von Holunder, Liguster, Hartriegel, Mehlbeere, Weißdorn und Wildem Wein.

Was man an Futterstellen alles beobachten kann

Was können Vogelfreunde nicht alles an den Futterstellen beobachten! Da alle gefiederten Gäste vor allem des Futters wegen in unsere Gärten kommen, sind sie meistens natürlich beim Picken, wenn wir sie beobachten. Da ist es kein Wunder, wenn auch Kindern zunächst vor allem die so unterschiedlichen Schnäbel auffallen.

Weil sich im Laufe der Evolution die vorderen Gliedmaßen zu Flügeln umgewandelt haben und sie darum als Haltewerkzeuge nicht mehr zu gebrauchen waren, haben sich die Schnäbel – die in Hornleisten überzogenen zahnlosen Kiefer – auch zu universellen Werkzeugen umgestaltet. Ober- und Unterschnabel sind beide einzeln beweglich. Durch Kraftübertragung beweglicher Teile des Hirnschädels bekommen sie ihre Hebelwirkung. Allein das Öffnen des Schnabels setzt das Zusammenwirken von drei Schädelknochen und einer großen Zahl von Muskeln voraus.

Von den Singvögeln werden die Schnäbel vor allem als Pinzette, als Meißel oder als Beißzange eingesetzt. Insektenfresser haben schlanke, spitze, Körnerfresser dagegen kräftige kegelförmige Schnäbel. Aber allzu spezialisiert dürfen die meisten Schnäbel auch nicht sein, denn viele Vögel müssen sich bei Nahrungsengpässen auch auf eine der anderen Ernährungsweisen umstellen. Die Meisen zum Beispiel, die vom Frühjahr bis Spätherbst vor allem Insekten erbeuten, betätigen sich am Futterhaus als Körnerfresser. Auch der Kleiber lebt in den wärmeren Jahreszeiten vor allem von Insekten. Mit seinem kräftigen, spitzen Schnabel durchzieht er bei der Suche nach ihnen viele Ritzen der Baumrinden. Er kann sogar kleine Löcher in den Stamm meißeln, um an sie heranzukommen. Im Winter hilft ihm derselbe Schnabel, Nüsse zu knakken.

Die Singdrossel greift im Herbst die Weißdornbeeren mit ihrem Pinzettenschnabel, sie dreht mit ihm aber auch das Fall-Laub um, um nach Regenwürmern zu suchen. Der Kernbeißer ist – schon sein Name verrät es! – dafür bekannt, daß er Steinsamen mit seinem kurzen kräftigen Schnabel aufknackt wie mit einer scharfkantigen Kneifzange. Derselbe Schnabel kann aber auch Knospen abzwicken. Wenn Sie eine Vielzahl von Futterstellen anbieten, kann das Kind die verschiedenartige Verwendung des Schnabels als Werkzeug besonders gut beobachten. Machen Sie es doch hin und wieder auf die Unterschiede aufmerksam.

Weniger begeistert ist das Kind vielleicht, wenn es beobachtet, daß ein Sperber dem Vogelhaus einen Besuch abstattet. Zwar kommt auch er nur wegen des Futters. Sein Futter aber ist dann ein fröhlich pickender Singvogel. Nun empfehlen manche Kinderfreunde, ein Vogelhaus stets so aufzustellen, daß kein Sperber an die Vögel herankommt. Das ist aber eine fragwürdige Empfehlung. Kinder sollen doch lernen, die Natur zu beobachten, wie sie tatsächlich ist. Und der Sperber lebt nun eben von Singvögeln. Die klugen und aufmerksamen Tiere erwischt er nicht. Er greift meist die schwächeren, älteren, trägeren, weniger gut veranlagten. Das ist ein Teil der natürlichen Auslese, die zu beobachten für ein Kind auch ein Erlebnis ist. Allerdings braucht es dazu die Erklärungen der Eltern. Sonst ergreift es einseitig Partei für die Singvögel. Es muß lernen, daß auch der Sperber in unsere Natur gehört, die es zu schützen gilt.

Anders sollte man sich bei der Gefährdung der Singvögel durch Hauskatzen entscheiden. Eine Futterstelle für Vögel sollte so aufgestellt sein, daß Katzen an die pickenden Vögel nicht herankommen. Die Hauskatze ist kein wild lebendes Tier, das der Vögel als Nahrung bedarf.

Immer ist an vielseitigen Futterstellen auch zu beobachten, welche Vögel lieber am Boden picken, und welche geradezu akrobatische Leistungen erbringen, um sich ihr Futter zu verschaffen. Vielleicht hat Ihr Kind Lust, das Treiben am Vogelhaus zu fotografieren? Das Beobachten wird natürlich noch stärker verfeinert, wenn das Kind die Vögel am Futterhaus zeichnet.

Wo man im Winter Schmetterlinge findet

Im Winter lassen sich Schmetterlinge sehr selten sehen. Darum sind manche Menschen auch geradezu verblüfft, wenn sie erfahren, daß es in der kalten Jahreszeit überhaupt welche gibt.

Nicht zu sehen sind im allgemeinen Arten, die zu den Wanderfaltern gehören, vor allem also Admiral und Distelfalter. Sie zogen im Herbst gen Süden. Bei uns werden sie erst wieder im Mai über Wiesen und Gärten fliegen (siehe «Frühling», S. 72). Nur äußerst selten überwintert bei uns ein Admiral in Winterstarre an geschützter Stelle.

Eher schon trifft man im Keller, auf dem Speicher, im geschützten Schuppen einen starren Kleinen Fuchs oder ein starres Tagpfauenauge an. Anschauen ist natürlich erlaubt, anfassen dagegen nicht. Winterstarre Schmetterlinge müssen in Ruhe gelassen werden! Aber machen Sie das Kind darauf aufmerksam: Die besonders empfindlichen Fühler der Schmetterlinge sind in der Winterstarre nicht zu sehen. Die hat der Falter, bevor er in die Starre fiel, zum Schutz zwischen die Flügel gelegt!

Hat sich jedoch am Ende des Herbstes ein Schmetterling in die warme Stube «gerettet», so sollten Sie ihn – nur die Unterseiten der Flügel berührend! (greifen Sie ihn also, wenn er die Flügel beim Sitzen aufeinanderklappt) – aus diesem Zufluchtsraum in kühlere Gefilde bringen, eben in den Keller, auf den Speicher, in einen Schuppen, in einen Balkonschrank ... Fällt der Falter nämlich, weil er sich im Warmen aufhält, nicht in die Winterstarre, wird er bald sterben müssen, kann er den Winter nicht überleben.

Manchmal werden so überwinternde Schmetterlinge allerdings von Insektenfressern, vor allem von Vögeln aufgestöbert, die Mauerfugen, Bretterritzen und ähnliches aufs genaueste absuchen. Dann findet man mitten im Winter plötzlich Reste eines noch leuchtenden Schmetterlingsflügels.

Völlig im Freien läßt sich der Zitronenfalter einfrieren. Oft entdeckt man ihn, in Schnee gehüllt und wie zu Glas erstarrt. Auch ihn sollte man nur erfreut betrachten, nicht berühren! Und ist er auch jetzt ganz starr, wie tot – im März schon wird er wieder quicklebendig, wenn auch mit etwas abgewetzten Flügeln, über die Wiesen und durch die Gärten schwirren. Dann wird er seine Eier legen, aus denen bis Juli die neue Zitronenfalter-Generation erwächst. Zitronenfalter erreichen übrigens ein für Schmetterlinge hohes Alter. Sie werden immerhin elf Monate alt.

Die meisten unserer Schmetterlinge überwintern nicht als Falter, sondern in einem früheren Entwicklungsstadium. Ein Schmetterling schlüpft ja nicht wie ein Vogel aus dem Ei, sondern durchlebt meh-

Gürtelpuppe eines Weißlings

rere Stadien. Aus dem Ei kriecht die Raupe. Nach längerer Entwicklungszeit verpuppt sich die Raupe. Und aus der Puppe erst löst sich, entfaltet sich der Falter (siehe «Frühling», S. 74). Viele Schmetterlingsarten überwintern als Raupe oder als Puppe. Als Raupe überwintern zum Beispiel der Gemeine Bläuling, der Große Perlmutterfalter und der Braune Bär. Als Puppe verbringen die kalten Monate in der Erde zum Beispiel Schwalbenschwanz, Segelfalter und Aurorafalter. Die überwinternden Puppen des Großen Kohlweißlings, die offenbar nicht besonders kälteempfindlich sind, findet man jetzt oft an Hauswänden und Zäunen.

Am tollsten ist es, wenn man im Winter auf fliegende Falter trifft. Es bieten sich allerdings nur geringe Chancen. Die beste davon: daß man kurz vor Weihnachten einen Frostspanner entdeckt. Der Gemeine Frostspanner ist ein Nachtfalter, der häufiger an Laternen in sonst nachtdunklen Gärten anzutreffen ist, wenn in diesen Gärten Obstbäume stehen. Die fliegenden Falter sind die Männchen, gelblich bis bräunlich und bis zu vier Zentimeter groß. Sie sind auf dem Hochzeitsflug, also auf der Suche nach Weibchen. Diese haben nur Flügelstummel und können nicht fliegen. Sie sitzen zu dieser Zeit an Stämmen von Obstbäumen und warten auf Männchen. Nach der Begattung kriechen die Weibchen in die Zweigspitzen und legen dort ihre Eier ab. Im Mai und Juni werden die Raupen aus den Eiern schlüpfen. Gartenbesitzer sind allen Frostspannern gegenüber üblicherweise nicht eben freundlich gesonnen. Denn ihre Raupen fressen in großer Gesellschaft Blätter und Früchte fast aller Obstbäume an. Wer das vermeiden will, braucht keine schweren chemischen Keulen. Am besten ist es schon im Herbst Leimringe um den Baumstamm zu legen. Das Frostspanner-Weibchen geht zwar meist nicht auf den Leim. Es legt seine Eier dann eben unterhalb des Rings in der Rinde ab. Wenn man die Rinde nach dem Hochzeitsflug des Spanners dann aber mit einer harten Bürste bearbeitet, wird man die Eier meist radikal los.

Übrigens: Der Große Frostspanner fliegt schon ab September. Darum ist es angebracht. Leimringe schon im Frühherbst um die Stämme zu legen. Das reicht dann auch für den Gemeinen Frostspanner, der erst im Dezember auf Brautschau fliegt.

Mumienpuppe eines Nachtfalters

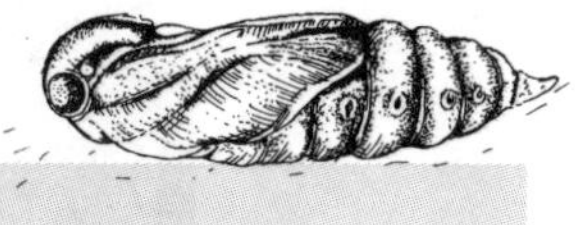

Mit Kindern gemeinsam

Wenn Sie eine Puppe des Großen Kohlweißlings an der Hauswand oder an einem Zaun entdeckt haben, so sollten Sie Ihr Kind darauf aufmerksam machen. Sie sollten sich für den Vorfrühling gemeinsam vornehmen, die Puppe im Auge zu behalten; vielleicht gelingt es Ihnen, die Entfaltung des Falters dann zu beobachten! Das wäre sicher ein besonders eindrückliches Erlebnis. Eine Weile könnten Sie die Weißlingspuppe, die mit seidenfeinen Fäden wie mit einem Gürtel am Zaun oder an der Mauer hängt, vor eventuellen Puppenräubern wie Kirschen vor den Spatzen schützen – mit einem Netz, das Sie oben am Zaun befestigen oder an einem Fensterrahmen oberhalb der Puppe an der Hauswand. Da es aber wahrscheinlich recht eng am Zaun oder an der Mauer hängt, müssen Sie es abnehmen, bevor sich der Falter aus der Puppe schält. Sonst könnte er sich verletzen und sterben. Mitte April ist mit der Entfaltung des Falters zu rechnen. Entfernen Sie das Netz also einige Tage vorher. Dann riskieren Sie natürlich, daß in letzter Minute noch ein Puppenräuber erscheint und das erwartete Schauspiel leider doch nicht stattfinden kann. Aber so geht es in der Natur zu. Mumienpuppen findet man den ganzen Winter über knapp unter der Erde. Unter Pappeln, Weiden und Erlen zum Beispiel wird man oft die Puppe des Pappelschwärmers entdecken. Nur anschauen! Übrigens: Treffen Sie gegen Ende des Winters im Haus auf einen Schmetterling, der aus seiner Winterstarre erwacht ist, bevor es erste Blüten gibt, können Sie ihm helfen, die Mangel-Zeit zu überstehen. Stellen Sie ihm kleine Tellerchen mit Zucker- oder Honigwasser hin!

Eine Werkstatt für den Kompostwurm

Wer keinen Garten, aber einen Balkon hat, braucht für Balkonkästen und Blumentöpfe auch immer ein wenig natürlichen Dünger. Mit einer «Hamburger Wurmbank» im Eigenbau kann man im Winter mit der Vorsorge beginnen.

Kinder sind dabei, aus dem Bausatz eine Kiste 40 x 40 x 60 Zentimeter zusammenzubauen

Es eignet sich auch jede andere Kiste, wenn sie nur stabil genug ist, wenn die Ritzen verschmiert sind und das Holz unbehandelt ist

Wer einen Bausatz möchte, kann ihn hier bestellen: Koops Kompostiersysteme, Hoffmeyerstr. 3, W-2100 Hamburg 90

Auf den Boden der Kiste kommt zunächst Erde, Gartenerde oder Waldboden, auch mit Sand vermischt, etwa 5 cm hoch

Im Winter steht die Kiste im Keller. Auf dem Balkon würden die Kompostwürmer – werden mit dem Bausatz geliefert – erfrieren. Die Würmer kommen auf die Erde

Alle organischen Abfälle werden nun von den Würmern verarbeitet, wenn sie etwas verrottet sind. Kartoffel-, Apfel- oder Birnenschalen, Kaffeesatz oder Teeblätter … Südfruchtschalen verrotten bei diesem System zu langsam. Reste von gekochtem Essen dürfen nicht hinein. Sie würden die Masse zu feucht machen. Ab und zu umwälzen! Dann haben Sie im Frühjahr erstmals ökologisch einwandfreien Dünger für alle Balkon- und Zimmerpflanzen!

Woher kommen Regen, Schnee, Hagel, Nebel und Smog?

Wer an Winterwetter denkt, träumt meist vom tiefverschneiten Wald, von weiten weißen Hängen und vom zugefrorenen See unter blauem Himmel und strahlender Sonne. Vor allem mit dem Gedanken an Weihnachten verbinden wir gern das Bild einer zauberhaften Winterlandschaft.

Wer allerdings nicht gerade in den Bergen zu Hause ist, wird weiße Weihnachten nur sehr selten erleben. Und auch sonst beschert der Winter den Flachländern meist nur wenig Schnee. Das ist allerdings eine Regel, von der es Ausnahmen gibt. Im Winter 1978/79 zum Beispiel wurde vor allem Schleswig-Holstein, in dem die Höhenlagen bei knapp über hundert Meter liegen, von einer regelrechten Schnee-Katastrophe betroffen: 66 Ortschaften waren damals total von der Außenwelt abgeschnitten, in weiten Teilen brach das Stromnetz zusammen – vom Verkehr ganz zu schweigen.

Am wenigsten Schnee bekommen in der Regel die Menschen am Oberrhein zwischen Konstanz und Karlsruhe und in den Niederungen des Tessin, wo die Schweiz an Oberitalien grenzt. Das sind Ebenen, in denen im Winter besonders milde Temperaturen herrschen.

Seit etwa hundert Jahren werden die Erscheinungen des Wetters systematisch registriert. Darum weiß man: Am häufigsten schneit es zwischen dem 6. und 8. Januar und zwischen dem 5. und 9. Februar.

Vor allem in den meisten Gebieten Deutschlands regnet es auch im Winter häufiger, als es schneit, gibt es ab und an Graupelschauer, häufig Nebel und manchmal auch Smog.

Zu all diesen Niederschlägen kann es nur kommen, weil es zwischen der Erde und der Atmosphäre einen Wasserkreislauf gibt. Vor allem Meere, Seen und Flüsse geben Wasserdampf an die Luft ab.

Außerdem verdunsten auch alle Pflanzen Wasser (sie saugen mit den Wurzeln immer wieder neues Wasser aus dem Boden). Am stärksten verdunsten die wärmeren Meere der Tropen und Subtropen und die Regenwälder. Die feuchte Luft steigt auf und wird durch den Wind über alle Kontinente verteilt.

Wenn die feuchte Luft aufsteigt, kühlt sie sich dabei bis zum Taupunkt ab. Dabei lagert sich der Wasserdampf um die winzigen Partikelchen, die überall in der Luft schweben (außer unter besonderen Laborbedingungen). So bilden sich mikroskopisch kleine Wassertropfen, die einen Durchmesser von etwa 20 Tausendstel Millimeter haben. Unzählige solcher superleichten Tröpfchen bilden eine Wolke.

Es regnet aus den Wolken, wenn sich viele Wolkentröpfchen zu Regentropfen vereinigen, die dann jeweils einen Durchmesser von 0,5 bis 5,5 mm haben. Diese Vereinigung wird in unserem Klima meist durch einen Wasser-Eis-Austausch möglich: Bildet sich eine Wolke bei Temperaturen zwischen 0° und -40° C, so gefrieren nicht alle Wolkentröpfchen zu Eis. Eine Wolke in diesem Temperaturbereich besteht also aus Wassertröpfchen und Eiskristallen. Beide kommen mit Luft in Berührung. Auf Wasser reagiert die Luft aber anders als auf Eis. Für das Eis ist die Luft oft bereits feuchtigkeitsgesättigt, wenn sie es für Wasser noch nicht ist. Da die Luft noch Feuchtigkeit aus dem Wasser aufnehmen kann, nicht aber aus dem Eis, verdunsten nur die Wassertröpfchen. Ihr Wasserdampf lagert sich an den Eiskristallen an, die dadurch wachsen und schwerer werden, bis sie zu schwer sind, um in der Luft zu schweben. Sie fallen in wärmere Tiefen, wo sie zu Regentropfen verschmelzen.

Es schneit, wenn es von der Wolke bis zum Erdboden höchstens +2° C warm ist. Auf der Erde liegen bleiben kann der Schnee auf Dauer nur bei Frost, also bei Temperaturen unter dem Gefrierpunkt. Der Schnee aber fällt meist nicht in einzelnen Eiskristallen auf die Erde. Viele Eiskristalle bilden eine Schneeflocke. Im Gegensatz zum farblosen Eis ist der Schnee weiß. Das kommt durch die Luft, die in Schneeflocken eingefroren ist.

Es hagelt, wenn die Temperaturen zwischen Wolke und Erde bei zwischen +3° C und +4° C liegt. Bei der Verdunstung wird Wärme verbraucht, was die Luft abkühlt. Die Regentropfen gefrieren und erreichen als Graupel die Erde.

Wolken entstehen, wenn Luft aufsteigt.

Nebel bilden sich, wenn sich die Luft in der Nähe des Erdbodens abkühlt. So bildet sich in dieser Jahreszeit zum Beispiel in den Alpen oft Morgennebel, wenn feuchte Luft durch die Kälte-Ausstrahlung am Erdboden nach eisigen Winternächten abgekühlt wird. Das sind die sogenannten Strahlungsnebel.

Aber Nebel entsteht auch, wenn kältere Luft mit wärmerem Wasser in Berührung kommt. Der von wärmerem Wasser aufsteigende Wasserdampf kühlt sich dann ja sofort ab. Darum gibt es im Winter in Flußtälern und an Meeresküsten viel Nebel.

In der Luft bleiben Nebeltropfen auch bei Temperaturen unter dem Gefriepunkt flüssig. Sie gefrieren aber, sobald sie auf einen Gegenstand treffen. Dann hüllt eine gefrorene Nebelschicht zum Beispiel unsere Bäume und Sträucher ein und verzaubert die Landschaft.

Vor allem bei Nebelwetter entsteht heute häufig Smog.

Smog ist eine Erscheinung, die ihren Namen aus zwei englischen Wörtern bezog, aus smoke (= Rauch) und fog (= Nebel). Unsere Luft ist ja vielerorts stark verschmutzt. Abgase und Schmutzteil-

Nehmen Sie eine Lupe mit, wenn es einmal schneit! Auf einem Stück dunklen Karton erkennt man genau: Schneeflocken bestehen aus Eiskristallen, die wie Sterne aussehen. Sie haben verschiedene Formen, aber alle sind achteckig

chen zum Beispiel aus Industrieschornsteinen und aus dem Verkehr, aber auch großräumige Wald- oder Ölfeldbrände verpesten die Luft. Dann ist es am Boden kühl und darüber kalt. Während es normalerweise umgekehrt ist und die – untere – warme Luft nach oben steigen kann, hat bei dieser Wetterlage die Natur den «Deckel zugemacht». Wo wenig Wind weht, können sich bei Nebelwetter Nebel und Schmutzteilchen für längere Zeit verbinden. Das kann dann zu akuter Lebensgefahr werden.

Jüngere Kinder haben viel Spaß daran, einen kleinen Schneemann in einer Gefriertruhe für ein sommerliches Gartenfest zu konservieren. Damit können sie ihre Freunde dann überraschen!

Sie können mit Ihren Kindern gemeinsam überlegen, was sich dagegen unternehmen läßt. Ein Anfang wäre sicherlich die Aktion «Autofreier Sonntag», die ich Ihnen im Band «Sommer» (S. 81 ff.) vorgeschlagen habe.

Wenn Kinder sich an der Wetterthematik besonders interessiert zeigen, können Sie gelegentlich ein paar kleine Experimente mit ihnen zusammen machen, die das Wissen vertiefen.

Mit Kindern gemeinsam

Machen Sie Ihr Kind schon in der Küche hin und wieder darauf aufmerksam, wo es beobachten kann, wie Wasser verdampft oder sich Wasserdampf abkühlt und sich dabei Wassertropfen bilden. Am deutlichsten sieht das Kind Wasser verdampfen, wenn Wasser kocht. Trifft der Wasserdampf zum Beispiel auf einen kälteren Topfdeckel oder auf die Fensterscheibe, die kühl ist, weil sie außen an die Winterluft kommt, fallen oft dicke Wassertropfen.

Wer eine Brille trägt, erlebt, daß die Gläser beschlagen, wenn er aus winterlicher Kälte, die auch die Brille stark abkühlte, ins warme Zimmer kommt: Die Luft an den Gläsern kühlt sich ab. Feuchtigkeit schlägt sich am kalten Glas nieder.

Oder: Der warme feuchte Atem kommt an kalten Tagen wie Dampf aus dem Mund. Wer an einen Spiegel haucht erkennt, daß sich Wasser niederschlägt …

Füllen Sie in ein Wasserglas drei Stückchen Eis aus dem Eisfach. Stellen Sie dieses Glas neben ein zweites, das leer bleibt. Was geschieht? An der Wand des Glases, in dem sich das Eis befindet, schlägt sich Feuchtigkeit nieder: Die Luft in ihm kühlt durch das Eis ab und gibt von ihrer Feuchtigkeit ab. Im anderen Glas geschieht nichts.

Schließen Sie die Luft um eine Pflanze im Blumentopf mit einem Plastikbeutel vollständig ein. Schon nach ein paar Stunden, spätestens am nächsten Tag wird es ganz deutlich: Auch Pflanzen verdunsten Wasser. Kommt der Wasserdampf an den kühleren Beutel, schlägt sich Wasser an seinen Wänden nieder.

Bauen Sie zusammen mit Ihrem Kind einen ganz einfachen

Regenmesser! Dazu nehmen Sie ausnahmsweise eine runde helle Plastikflasche. Schneiden Sie den oberen Teil ab und setzen Sie ihn umgekehrt auf den Flaschenrumpf. Zeichnen Sie eine Zentimetereinteilung (vertikal) an die Flaschenwand. An ihr kann man dann ablesen, wieviel Niederschlag zum Beispiel in den vergangenen 24 Stunden gefallen ist. Gut ist, wenn Sie diesen ja leichten Regenmesser, der bei Wind umfallen könnte, zum Schutz noch in eine Tonröhre stellen könnten. Notfalls reicht auch eine höhere Wanne.
Dasselbe Gerät kann man auch benutzen, wenn man messen will, wieviel Wasser in unterschiedlichen Witterungsverhältnissen von einer freien Wasserfläche verdunstet. Füllen Sie das Gerät bis zum obersten Meßstrich mit Wasser und stellen Sie es in die Sonne. Wieviel Wasser ist zum Beispiel in drei Stunden verdunstet?
Stellen Sie es bei ähnlicher Witterung in den Schatten! Es verdunstet weniger. Wie verhält sich ihre «freie Wasserfläche» bei kühlem, feuchtem Wetter (kein Regen!)? …
Wenn es geschneit hat und Schnee liegt: Lassen Sie Ihr Kind in einem Sandeimerchen frisch gefallenen Schnee holen. Ein Aufstellen im warmen Zimmer

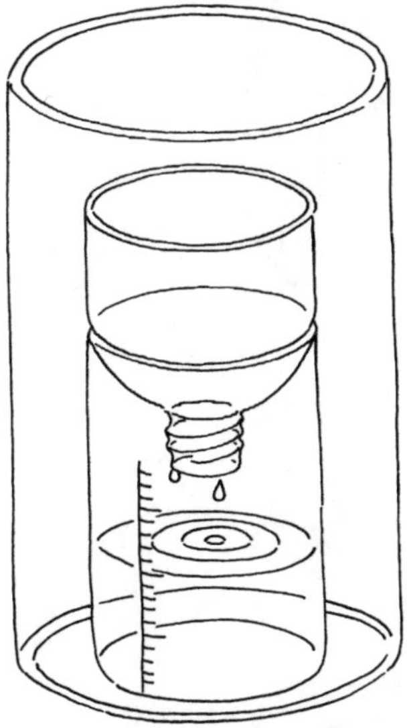

reicht. Dann soll es das Schmelzwasser einmal durch einen Kaffeefilter in einen anderen Topf filtern. Bleibt die Tüte ganz rein? Dann war der Schnee absolut sauber. Sehr selten!
Das Kind sollte den Versuch wiederholen, wenn der Schnee schon ein paar Tage liegt. Es holt den Schnee natürlich von einer unberührten Stelle. Es wird ganz deutlich, daß der Schnee viel schmutziger geworden ist.
Von den Auspuffgasen der Autos, aus den Schornsteinen der Haushalte und Industriebetriebe.

Dezember: Der Laubwald

Winterknospen als Vorboten des Frühjahrs

Kahl sind die Bäume jetzt im Laubwald. Ihre Blätter liegen schon lange als dicker, feuchter Teppich auf dem Waldboden, bedecken und wärmen Insekten, ihre Larven oder Puppen, Würmer und anderes Kleingetier, damit es bei den Frösten, die nun bald zu erwarten sind, nicht erfriert. Ein leichter, aber nicht unangenehmer Modergeruch durchzieht jetzt die Laubwälder, ehe der Schnee ihn unserer Nase vorenthält. Das Laub fault. Doch gerade dabei entsteht jene wohlige Wärme, die einhüllt, was sich schutzsuchend in den Blätterteppich oder den von ihm bedeckten Waldboden zurückgezogen hat, die Schmetterlinge und Käfer zum Beispiel, beziehungsweise ihre Larven und Puppen, die Regenwürmer ...

Die Bäume selbst zeigen sich, ihrer Blätter entblößt, in einer herben Schönheit. Im Winter, wenn kein Laub die Unterschiede in ihrer Gestalt, aber auch keinen Makel eines unregelmäßigen Wuchses verschleiert, erkennen wir auf einen Blick die Verschiedenartigkeit im Wuchs von Stamm, Ästen und

1 Waldmaus, im Winter aktiv
2 Igel, im Winterschlaf
3 Eichhörnchen, im Wechsel von Winterruhe und Aktivität
4 Baummarder, im Winter aktiv
5 Haselmaus, im Winterschlaf
6 Siebenschläfer, im Winterschlaf

Zweigen. In geradezu grafischer Schönheit bietet sich uns das blankgewaschene Geäst in einem harmonischen Bild der Krone.

Eher als im Sommer fällt unser Blick jetzt auch auf die Borke, die manchem wie das Gesicht eines Baumes erscheint, glatt und glänzend oder rissig und von tiefen Furchen durchzogen. Häufiger als zu anderen Jahreszeiten fallen uns die Höhlen auf, die etwa Spechte in den Stamm gemeißelt haben, oder die Nester, die nun ohne Deckung so leicht auszumachen sind.

Manchem mag das kahle Geäst der Bäume wie tot erscheinen. Doch wer so empfindet, muß einfach nur näher herangehen an die Zweige. Denn bei genauerer Betrachtung entdeckt man, daß sie schon jetzt unzählige Knospen tragen.

Die sogenannten Winterknospen bergen die Triebe des nächsten Jahres und auch die künftigen Blätter und Blüten. Die meisten sind bereits im Frühsommer dieses Jahres gebildet worden und warten nun, durch filzige Haare oder einander überlappende Hüllschuppen vor Nahrung suchenden Tieren und harten Nachtfrösten geschützt, auf den nächsten Frühling.

Man kann die Natur überlisten: Wer ein paar Zweige mit nach Hause nimmt, kann sie schon jetzt im warmen Zimmer austreiben lassen, so als sei der Frühling bereits gekommen. (Bitte keine Zweige im Naturschutzgebiet abschneiden – da gilt bekanntlich allgemeines Pflückverbot!) Diese Erfahrung führte auch zu dem schönen Brauch, Barbara-Zweige zu schneiden. Wer am 4. Dezember, dem Tag der Heiligen Barbara, Kirschzweige schneidet, sie über Nacht in lauwarmes Wasser legt und tags darauf in eine Vase stellt, dem blühen die Zweige zu Weihnachten auf – als Symbol für den Sproß aus der Wurzel Jesse.

Wer die Zweige mit Winterknospen einmal genauer betrachtet, bemerkt: Es gibt zweierlei Knos-

Bei manchen Bäumen muß man schon genau hinschauen, um die Winterknospen zu entdecken

pen: Endknospen (1) und Seitenknospen (2). Aus den Endknospen entstehen meist die Langtriebe, die den Ast oder Zweig länger wachsen lassen. Aber sie können auch eine Blüte hervorbringen. Kommt aus der Endknospe eine Blüte, hört das Längenwachstum hier auf. Dann treibt im nächsten Jahr aus der obersten Seitenknospe ein neuer Trieb, der genau in Richtung des früheren Haupttriebes wächst. Bricht aber aus der Endknospe im Frühjahr ein Langtrieb heraus, kommt aus der Seitenknospe eine Blüte. Daß aus den Seitenknospen aber auch Triebe wachsen können, ist der Grund dafür, daß sich ein Zweig aus aufeinanderfolgenden Seitenzweigen zusammensetzt.

Außer den Knospen sind an den Zweigen jetzt auch deutlich Blattnarben zu erkennen. An diesen Stellen saßen die Blätter des Vorjahres (3). Da wo solche Narben um den Zweig herumlaufen, saßen in Vorjahren die Endknospen (4).

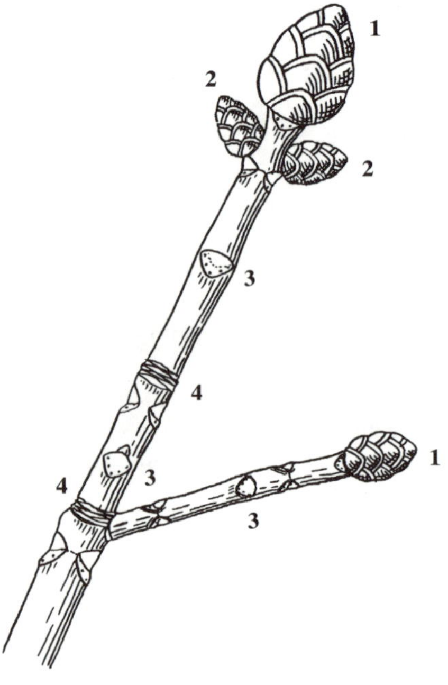

1 Endknospen, aus denen meist Langtriebe kommen
2 Seitenknospen, aus denen meist Blüten kommen
3 Blattnarben aus dem Vorjahr
4 Endknospen-Narben aus dem Vorjahr

Mit Kindern gemeinsam

Ein paar Zweige mit Winterknospen zu Hause austreiben lassen, das sollte jedes Kind einmal versuchen. Das müssen natürlich keine Kirschzweige sein. Besonders gut eignen sich zum Beispiel ein paar Kastanienzweige. An den dicken Knospen können Kinder den Vorgang am besten beobachten.

Vergleichen Sie die Zweige verschiedener Baumarten! Die Winterknospen unterscheiden sich von Art zu Art so stark voneinander, daß man Winterknospen als Merkmal der Art sehen und an ihnen die Art unterscheiden kann. Auf den Seiten 44–46 haben wir Winterknospen besonders häufiger Bäume unserer Laubwälder als eine erste Bestimmungstabelle abgedruckt. Versuchen Sie doch einmal, zusammen mit Ihrem Kind einige Bäume nach dieser Tabelle zu bestimmen.

Die dicken braunen, lederartigen Knospen sind stark mit Harz verklebt. Die Schuppen haben sich zurückgebogen, so daß sich die jungen Blätter, die an winzigen Zweigen sitzen, entfalten können. Der Langtrieb reckt sich, die Blätter entfalten sich weiter. Die Schuppen fallen ab.

Bestimmungstabelle Winterknospen

Familie Buchengewächse

Rotbuche

Schlanke Zweige, spitze, lange hellbraune, spindelartige Knospen, wechselständig. Gelegentlich haben die Zweige einen grauen metallischen Schimmer.

Stieleiche (Sommereiche)

Dicke braune, ovale, bewimperte, abstehende Knospen mit vielen Schuppen, am Zweigende mehrere zusammenstehend, wechselständig. Endknospen deutlich größer als Seitenknospen.

Familie Birkengewächse

Schwarzerle

Eiförmige anfangs grüne, später violette Knospen, gestielt, bläulich bewachst, spiralig angeordnet, wechselständig. Hier mit vorgebildetem (männlichen) Staubblütenkätzchen.

Familie Weidengewächse

Salweide

Rote, manchmal gelbgrüne, kahle, gestielte, geschwollene Knospen, wechselständig.

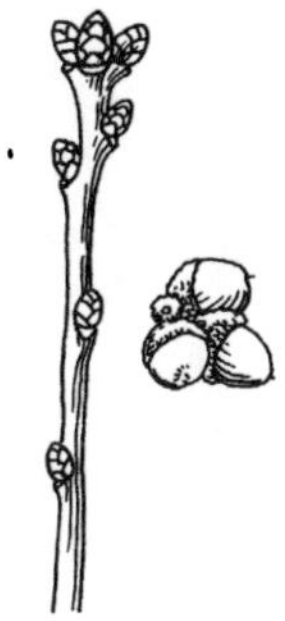

Traubeneiche (Wintereiche)
Ähnliches Erscheinungsbild wie Stieleiche. Zweig etwas schlanker. Die Wintereiche neigt mehr als die Sommereiche dazu, ein paar ihrer Blätter im Winter zu behalten.

Familie Haselnußgewächse
Hainbuche oder Weißbuche
Braune lange, spitze, anliegende, bewimperte Knospen, wechselständig.

Silberweide
Graugelbe, schlanke, spitze, leicht behaarte, anliegende Knospen, die mit der Spitze gegen den Zweig gedrückt sind. Endknospe oft vertrocknet.

Familie Ahorngewächse
Bergahorn
Große gelbgrüne, abstehende Knospen mit dunklem Rand, bewimpert, gegenständig. Endknospe deutlich größer als Seitenknospe.

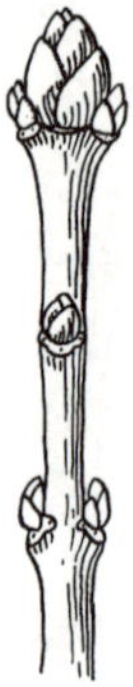

Spitzahorn

Glänzende weinrote Knospen mit lederartigen Schuppen, gegenständig. Endknospen größer als Seitenknospen.

Familie Ölbaumgewächse

Esche

Große kahle, glatte, mattschwarze Knospen auf grüngrauem Zweig, gegenständig. Endknospe größer als Seitenknospen.

Familie Lindengewächse

Winterlinde

Eiförmige, grüne bis rotbraune Knospen, zwei oder drei Schuppen sichtbar, wechselständig. Für Laien von der Sommerlinde kaum zu unterscheiden.

Familie Schmetterlingsblütler

Robinie

Knospen sind nicht sichtbar! Sie sitzen verborgen unter den Blattnarben zwischen zwei Dornen.

Manche Tiere verschlafen den ganzen Winter

Viele Menschen wissen nicht so genau, welche Tiere den Winter ganz oder teilweise verschlafen. Von einem wissen das aber fast alle: vom Siebenschläfer. Der verdankt nämlich sogar seinen Namen seinem besonders ausgiebigen Winterschlaf. Er verschläft sage und schreibe sieben Monate des Jahres, von Anfang Oktober bis Anfang Mai!

Darum hat sich der Weltmeister des Schlafens ja auch im Herbst eine dicke Fettschicht angefuttert. Mit Vorliebe hat er übrigens süße saftige Beeren und Nüsse verspeist, aber auch Jungvögel und Vogeleier, Insekten und Schnecken. Dann hat er sich, bevor er so richtig müde wurde, ein behagliches Schlupfloch gesucht. Er ist da nicht ganz so wählerisch wie manche anderen Winterschläfer. Manchmal nimmt er schon mit einem verlassenen Eichhörnchenkobel, einem Baumnest vorlieb oder mit einer aufgegebenen Spechthöhle. Manchmal quartiert er sich auch in einem Gartenhaus ein oder in einer Scheune. Am liebsten allerdings gräbt er sich eine 60 cm bis 100 cm tiefe Höhle in den Waldboden. Er rollt sich zusammen, legt dabei den Schwanz zwischen die Pfoten und schläft so, bis der Mai gekommen ist. Wenn er dann aufwacht, ist er sehr

schwach und mager geworden. Er verschlingt dann erst einmal gierig ein paar Vorräte, die er eigens zu diesem Zweck angelegt hat, um wieder zu Kräften zu kommen, damit er anschließend auf Nahrungssuche gehen kann.

Winterschläfer gibt es vor allem unter den Nagetieren, den Insektenfressern und Fledermäusen. Bei uns sind das neben dem Siebenschläfer vor allem

• der Gartenschläfer
Er schläft von Oktober bis Ende März, am liebsten in einer Baumhöhle.

• die Haselmaus
Sie schläft von Anfang Oktober bis Anfang April, am liebsten in einer Erdhöhle im Schutz eines Baumstammes oder unter einem Laubhaufen.

• das Murmeltier
Es schläft von Anfang Oktober bis Ende März, die ganze Familie eng aneinandergedrängt in einer großen, etwa einen Meter tief unter der Erde liegenden Höhle.

• der Igel
Er schläft von Oktober bis März, meist im unterirdischen Schlupfloch, aber auch gern unter Laub- oder Komposthaufen.

• Fledermäuse

Sie haben unterschiedliches Schlafverhalten. Der Große Abendsegler zum Beispiel schläft von Oktober bis April, oft in großen Gemeinschaften auf Dachböden. Ein anderes Beispiel: Das Braune Langohr schläft von Oktober bis März in Felsenhöhlen, Stollen oder in Kellern.

Bei allen Winterschläfern sinkt die Körpertemperatur beinahe auf die Temperatur ihres Winterquartiers. Atmung und Herzschlag können in dieser Schlafenszeit bis auf ein Zehntel zurückgehen. Der Stoffwechsel ist minimal. Bei so geringen Körperfunktionen verbrauchen die Tiere natürlich auch wenig Energie, brauchen sie wenig Nahrung, kommen mit ihren im Körper angelagerten Fettreserven aus.

Sinkt die Temperatur der Umgebung allerdings auf unter + 6° C, verstärkt sich der Stoffwechsel wieder. Dadurch wird das Tier geweckt. Das ist eine lebensrettende Schutzeinrichtung. Die Tiere wachen auf, bewegen sich, nehmen vielleicht sogar von ihren Vorräten zu sich – müssen nicht erfrieren.

Es gibt auch Tiere, die nur einen Teil der Winterzeit verschlafen. Auch sie fallen in eine Art Lethargie. Doch bei den meisten von ihnen werden die Körperfunktionen nicht so deutlich herabgesetzt. In diesen Fällen spricht man dann von Winterruhe. Diese Tiere legen stets Vorräte an, damit sie, wenn sie hin und wieder wach sind, etwas zu fressen haben. Zu diesen Tieren gehören vor allem:

• das Eichhörnchen
• der Maulwurf
• die Waldmaus.

In sehr kalten und schneereichen Wintern zieht sich auch der Dachs für eine längere Winterruhe zurück.

Auch nur teilweise schläft der Feldhamster. Darum schleppt auch er Unmengen Vorräte in seinen Bau (siehe «Herbst», Seiten 38–40). Doch wenn er schläft, hält der Hamster einen echten Winterschlaf, sind seine Körperfunktionen also erheblich reduziert.

Für manche Tiere, die nur eine Winterruhe halten, wäre ein echter Winterschlaf mit an Sicherheit grenzender Wahrscheinlichkeit tödlich, für das Eichhörnchen zum Beispiel. Es wohnt nämlich auch im Winter in seinem Kobel im Baumgeäst, ein Zuhause, an das Eichhörnchens Erzfeind, der Baummarder, mühelos herankommt. Hielte das Eichhörnchen Winterschlaf, wären also alle seine Körperfunktionen reduziert, so würde es auch nichts wahrnehmen, auch nicht die sich nähernden Tritte des Marders. Und schon wäre es um es geschehen. Aus seiner Winterruhe aber wird es schon von der kleinen Erschütterung hochgeschreckt, die des Marders Schritte auf den Ästen verursachen. So kann das Eichhörnchen blitzschnell auf die dünnen Äste fliehen, die der Baummarder meidet, weil sie sein Gewicht nicht tragen können.

Weil das Eichhörnchen den Winter nicht verschläft, hat es sich im Herbst ja auch eine Menge Vorräte angelegt und an den verschiedendsten Stellen im Waldboden versteckt (siehe «Herbst», Seite 18).

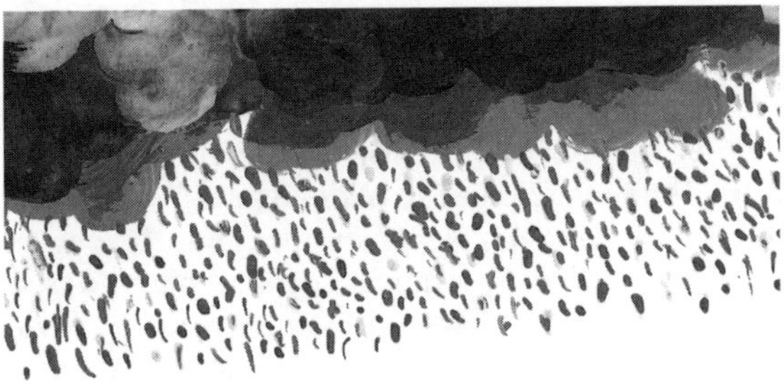

Aktion im Dezember: Regenwasser zu nutzen beginnen!

Wenn Sie mit Ihrem Kind gerade im Dezember einmal über den Regen und seine Entstehung gesprochen haben (siehe Seite 33), so wäre das auch eine ausgezeichnete Gelegenheit, über das Regenwasser nachzudenken.

Sicher ist ja auch in Ihrer Familie schon häufig über Möglichkeiten diskutiert worden, wie man Wasser sparen könnte. Vermutlich haben Sie schon eine Spartaste an den Toilettenspüler angebracht, die den sonst enormen Wasserverbrauch beim «kleinen Geschäft» auf ein bis zwei Liter verringert. Vielleicht haben Sie auch eine Vorrichtung in Ihre Wasserhähne und die Duschen eingebaut, mit der der Durchlauf des Wassers reduziert wird. Aber immer noch verbrauchen Sie kostbares Trinkwasser, wo Brauch- oder Regenwasser genausogut wäre. Spätestens jetzt sollte die Nutzung von Regenwasser ins Gespräch kommen.

Lassen Sie Ihr Kind doch zur Veranschaulichung erst einmal ein paar Eimer auf dem Balkon (wenn er nicht überdacht ist), auf dem Hof oder im Garten aufstellen. Schon bei dieser einfachen Sammelmethode kommt bei einem zünftigen Regenguß schon einiges an Wasser zusammen, das man gebrauchen kann.

Manche Menschen denken vielleicht: Regen ist bei uns viel zu stark verschmutzt, als daß man das Wasser ungeklärt verwenden könnte. Richtig ist, daß es sich nicht als Trinkwasser empfiehlt. Aber fürs Blumengießen ist es allemal geeignet oder für die Klospülung. Und wer mit weichem Regenwasser Wäsche wäscht, braucht sogar weniger Waschpulver als bei dem härteren Leitungswasser! Soviel Regenwasser wie schon ein Ein-Personen-Haushalt verbrauchen könnte, läßt sich in Eimern im Garten oder auf dem Balkon gar nicht sammeln. Aber: Jede auch nur kleine Menge aufgefangenen Regens spart eben diese Menge geklärten Wassers.

Wer allerdings Regen in einem Eimer auffängt, kann immer nur die Wassermenge sammeln, die auf die Fläche fällt, auf der eben dieser Eimer steht. Mit einem einfachen Trick aber kann man alles Regenwasser nutzen, das aufs Hausdach fällt. Dazu braucht man ein Gerät, das ins Fallrohr der Regen-

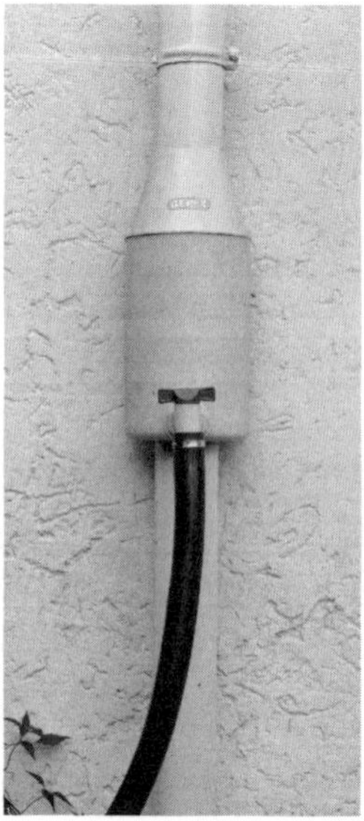

Der GEREX-REGEN-WASSERFÄNGER kostet etwa 100 Mark und ist zu haben bei: Gerex Neugebauer GmbH, Postfach 2747, 7100 Heilbronn; Tel.: 07 31 / 8 70 44.

rinne eingebaut werden kann. Über einen Schlauch wird das Wasser dann in die Regentonne geleitet.

Durch die Empfehlung dieses Gerätes, das in unserer Klimazone doch eine Menge Wasser sparen hilft und sich somit bald rentiert, wird schon deutlich: Diese Aktion sollten Sie nicht auf einen Monat beschränken.

Allerdings: Es empfiehlt sich nicht, den GEREX-REGENWASSERFÄNGER im Winter ins Fallrohr der Regenrinne einzubauen. Jetzt können Sie jedoch schon mit den Planungen beginnen: Besorgen Sie sich das Informationsmaterial. Überlegen Sie, wo Sie das Gerät einbauen wollen. Im Frühjahr bauen Sie es dann ein und sparen Wasser wie ein Profi!

Hausbesitzer können sich einen Speichertank anschaffen oder eine Zisterne bauen. Das Wasser wird gefiltert und mit einer kleinen Pumpe zu WC und Waschmaschine geführt. Viele Gemeinden fördern inzwischen den Einbau von «Regenwassernutzungsanlagen» mit einem Zuschuß. Informationen, Bauanleitungen, Bausätze über: Wagner & Co. Solartechnik GmbH, Zimmermannstr. 1, W-3550 Marburg, Tel. 0 64 21 / 6 70 55. Buchtip: W. Bredow, *Regenwasser-Sammelanlage*, Ökobuch-Verlag Freiburg.

Übrigens: Sie gehören sicher schon zu den umweltbewußten Menschen, die ihr Auto nicht einfach im Freien waschen (auch nicht, wenn Sie ausreichend Regenwasser gesammelt haben!). Dabei gelangen nämlich immer Schadstoffe in die Umwelt. Benutzen Sie also beim Selberwaschen Waschplätze und verwenden Sie gewässerschonende Kaltreiniger. Inzwischen finden Sie in vielen Städten auch abwasserarme Autowaschanlagen (Umweltberatung fragen!), die die meisten Schadstoffe abscheiden und das Waschwasser mehrmals wiederverwenden, was keinen negativen Einfluß auf die Reinigung Ihres Autos hat.

Januar: Der Bergwald

Spuren im Schnee

Im Winter verwandeln Schnee und Rauhreif den Bergwald in eine Märchenlandschaft. Wie lange weiße Bärte aus Zuckerwatte lassen die Tannen- und Fichtenriesen ihre mächtigen Äste und zierlichen Zweige unter der Schneelast herabhängen. Der leiseste Wind pustet sie wie Puderzucker aus ihnen heraus und wirbelt den Schnee durch die Luft, als sollte jedes einzelne seiner Kristalle in der Sonne glänzend zur Geltung kommt.

Blendendweiß sind die Hänge. Manche liegen glatt und unberührt unter dem blauen Himmel. Andere sind von Linien durchzogen, die zeigen, daß selbst in dieser scheinbar menschenleeren Bergwelt schon Menschen waren, die in weiten Schwüngen auf ihren Brettern über diesen Hang geglitten sind. Spuren im Schnee ...

Es sind nicht die einzigen Spuren. Ist das Auge erst einmal aufmerksam geworden, entdeckt es bald auch die der Tiere, die hier waren, Abdrücke der Hufe von Dam- und Rotwild, von Reh und Gemse zum Beispiel, Fährten von Waldmaus und Eichhörnchen vielleicht. Manchmal erzählt der Schnee

1 Schneehuhn
2 Murmeltier
3 Schneehase
4 Hermelin
5 Damhirsch
6 Rothirsch
7 Rehbock
8 Hirschkuh
9 Ricke

sogar von einem Drama, das sich hier ereignet hat. Da huschte offenbar eine Waldmaus durch den Schnee, eine Spur, die da endet, wo sie überlagert wird vom Abdruck der Flügel eines Greifvogels, der offenbar genau da gelandet war, um die Maus zu ergreifen, und der sich dann mit der Beute gleich wieder in die klare Winterluft erhob.

Spuren zu finden und zu deuten gehört zweifellos zu den spannendsten Naturbeobachtungen in dieser Zeit. Gerade auch für Kinder, die ja doch oft erpicht darauf sind, Detektiv zu spielen.

Bei der Wildfütterung trifft man Rehe und Hirsche jetzt sogar am Tage

Hirsche und Rehe kommen meist erst in der Dämmerung aus ihrer Deckung, um auf einer Waldlichtung zu äsen. Wenn jedoch auf dem Boden eine dicke Schneedecke liegt, so daß die Tiere nicht an ihr Futter herankommen, werden im Wald häufig Wildfutterstellen eingerichtet. Im Flachland, in den weiten Ebenen Norddeutschlands zum Beispiel, wo selten wochenlang Schnee liegt, ist das natürlich seltener als im Bergwald, in dem oft monatelang viel Schnee liegt und die Tiere wirklich Not leiden.

Früher zogen, wenn es kalt wurde, große Rudel Hirsche und Rehe einfach in tiefere Lagen, in die Täler, wo wenig Schnee lag und wo sie noch genug Futter fanden. Doch die heute weithin zu intensiv betriebene Landwirtschaft läßt wenig Reste als Winterfutter für die Tiere liegen. Darum ziehen sie schon lange gar nicht mehr talwärts. Wenn sie nicht gefüttert werden, treibt sie der Hunger dazu, die Bäume zu «schälen» und die jungen zu «verbeißen». Das schadet den Bäumen. Wenn Hirsche und Rehe gefüttert werden, so geschieht das also nicht nur, um

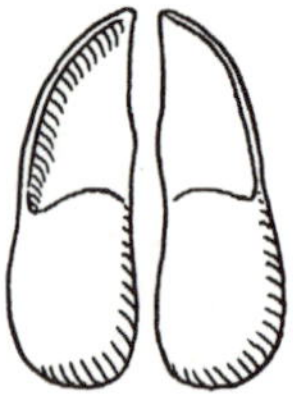

Trittsiegel
Damwild

ihnen das Leben zu erleichtern, sondern auch, damit der Wald geschont wird.

Rehe und Hirsche bekommen übrigens vor allem Rüben, Getreide, Heu, Kartoffeln, Kastanien, Eicheln und sogenannte Lecksteine, die viel Mineralstoffe enthalten. Oft gibt es neben den Krippen für Hirsch und Reh auch Schütten mit Futter für Fasane und Rebhühner.

Wenn Sie selbst in den Bergen wohnen, finden Sie bestimmt einen Förster, der bereit ist, Sie und Ihr Kind einmal zur Wildfütterung mitzunehmen. Sie müssen ihm allerdings versprechen, ganz leise zu sein, um die Tiere beim Fressen nicht zu stören.

Wenn Sie nicht in den Bergen wohnen, aber dort gelegentlich einen Winterurlaub verleben, dann erkundigen Sie sich beim Fremdenverkehrsamt, wo es Wildfutterstellen gibt, die öffentlich zugänglich sind. Es gibt sie in fast jeder Gegend. Außerdem sind solche Wildfütterungen in allen Wildparks zu beobachten. Manchmal werden sogar Pferdeschlittenfahrten zur Wildfütterung angeboten. Sicher ein eindrückliches Winterferien-Erlebnis für Kinder!

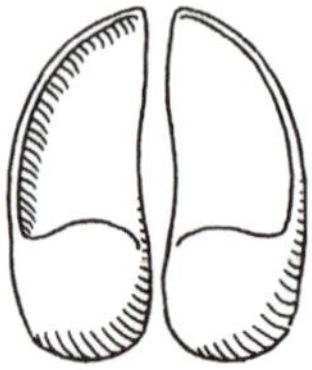

Trittsiegel
Rotwild

Mit Kindern gemeinsam

Wollen Sie mit Kindern Rehe und Hirsche beobachten, bedenken Sie: Gehör und Geruchssinn dieser Tiere sind ausgeprägter als ihr Sehvermögen. Nähern Sie sich also stets gegen den Wind, damit die Tiere nicht schon gleich – im wortwörtlichen Sinne – Wind von Ihnen bekommen! Außerdem: Leise sein!
Entdecken Sie Rehe oder Hirsche in einsamer Gegend, etwa beim Langlauf, muß solche Rücksicht besonders konsequent geübt werden. Denn Tiere, die nicht zusätzlich gefüttert werden, die jetzt unter Nahrungsmangel leiden, kommen nur über den Winter, wenn sie mit ihrer Energie ganz sparsam umgehen. Erschrekken Sie das Wild, flieht es in wilder Hast. Dabei verbraucht es sehr viel Energie. Wird ein Tier häufiger aufgeschreckt, kann es sein, daß es nur darum die harte Zeit nicht überlebt!

Wer Fährten genau bestimmen will, braucht ein Bestimmungsbuch und einen Zollstock

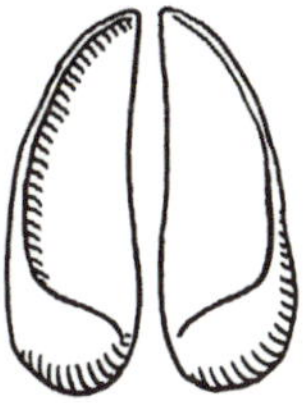

Trittsiegel Rehwild

Eine Wildfutterstelle eignet sich natürlich besonders gut, um Spuren und Fährten kennenzulernen. Hier kommen aus allen Richtungen Tiere zusammen. Man kann nicht nur eine Spur erkennen, sondern sie zugleich auch mit anderen vergleichen. Oft kann man sogar genau verfolgen, welches Tier welche Spur hinterläßt. Schauen Sie sich die Trittsiegel von Hirsch und Reh einmal genauer an.

Auf den ersten Blick scheint es manchem, als seien die Trittsiegel beim Schalenwild, bei Hirsch und Reh, fast gar nicht zu unterscheiden. Achten Sie aber einmal besonders auf die Ballenabdrükke. Beim Damhirsch nimmt der Ballenabdruck meist fast die Hälfte der gesamten Schalenlänge ein. Beim Rothirsch entspricht er nur rund einem Drittel, beim Reh einem noch geringeren Teil des Abdrucks.

Auch die Fährten des Schalenwildes ähneln sich. Sie zeichnen sich etwa so ab:

ziehendes Rottier (Weibchen)

ziehender Rothirsch

flüchtender Rothirsch

flüchtender Damhirsch

flüchtendes Reh

ziehendes Reh

Manchmal findet man im Wald ein Geweih. Rehbock, Rothirsch und Damhirsch werfen nämlich jedes Jahr ihr Geweih ab und bilden dann ein neues, bis zu einem bestimmten Alter ein jeweils kräftigeres. Beim Reh entwickelt sich das Geweih so:

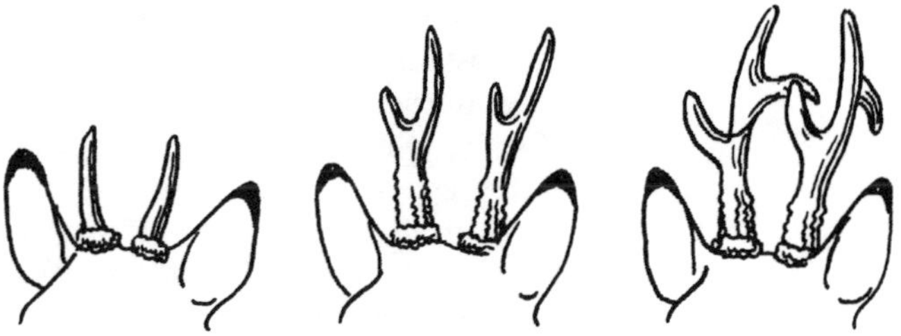

Vom Spießer über den Gabler bis zum Sechserbock. Mit sechs Jahren hat ein Rehbock sein prächtigstes Geweih. Danach bildet es sich wieder zurück – bis der alte Bock nur noch dolchartige Stangen besitzt, die für Artgenossen sogar lebensgefährliche Waffen werden können.

Beim Rothirsch entwickelt sich das Geweih so:

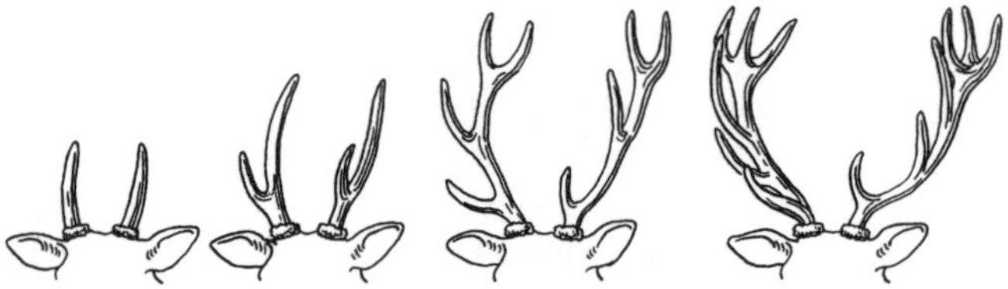

Vom Spießer über den Gabler zum Acht- und Zwölfender. Mit etwa neun Jahren hat der Hirsch sein kräftigstes Geweih. Dann bildet es sich wieder zurück.

Beim Damhirsch verläuft die Entwicklung so:

Das Damhirschgeweih ist besonders beeindrukkend. Denn die unten runden, zweisprossigen Stangen erweitern sich nach oben zu verlängerten Schaufeln mit Randsprossen, was dem vollentwikkelten Damhirsch den Namen Schaufler einträgt. Das Geweih erreicht seine volle Entwicklung im sechsten Lebensjahr und kann bis zu neun Kilogramm schwer werden.

Ein Geweih besteht aus Knochen. Wenn die Hirsche – das Reh gehört ja auch in die Familie der Hirsche – ihr Geweih jedes Jahr abwerfen, so erfordert das immer wieder viel Kalk beim Aufbau eines neuen. Dafür wird sogar eigene Knochensubstanz im Körper abgebaut. Der Aufbau eines neuen Geweihs vollzieht sich bei den verschiedenen Hirscharten unterschiedlich. Als Beispiel sei hier der Rothirsch angeführt.

Der Rothirsch wirft sein Geweih gegen Ende des Winters ab (der Rehbock zum Beispiel kurz nach Winteranfang!). Unter stark durchbluteter Haut, die der Jäger Bast nennt, wächst dann in 100 Tagen ein neues. Im Juli und August erlebt der Rothirsch die Fege- oder Bastzeit. Durch das «Fegen», das Reiben an Ästen, versucht er, den jetzt trockenen, juckenden Bast loszuwerden. Solange das neue Geweih wächst, es also von der stark durchbluteten Haut eingehüllt ist, bereitet schon eine leichte Berührung Schmerzen. Zum Miteinander-Kämpfen sind solche Geweihe also ganz und gar nicht geeignet. Kommt es in dieser Zeit zu Kämpfen, werden sie wie ein Boxkampf ausgetragen: Die Hirsche stehen auf den Hinterbeinen und trommeln mit den Vorderhufen auf die Brust des Gegners.

Wenn Sie bei Ihren Spaziergängen einmal ein Geweih finden, können Sie Ihrem Kind also eine Menge erzählen. Manchmal entdecken Sie an einem solchen Geweih noch Spuren anderer Tiere. Gelegentlich können Sie die Arbeit von Mäusezähnchen nachweisen. Waldmäuse decken manchmal durch Benagen von Geweihen ihren Kalkbedarf für die Knochen- und Zahnbildung. Manchmal findet man beim Holzeinschlag auch bis zum harten Ende abgenagte Rehgehörne. Dabei handelt es sich im allgemeinen um solche Exemplare, die ein Eichhörnchen in seinen Kobel geschleppt hatte und die dort als Kalkvorrat gedient haben.

Nicht nur an Gehörnen findet man Fraßspuren, besonders häufig entdeckt man sie an Tannen- oder Fichtenzapfen: Der Fichtenkreuzschnabel zum Beispiel läßt die Schuppen stehen, reißt sie aber der Länge nach auf, um an den Samen zu kommen. Das Eichhörnchen dagegen nagt die Schuppen ab und frißt dann den Samen auf; es läßt nur eine Spindel übrig mit ein paar Schuppen an der Spitze (siehe «Herbst», Seiten 16/17).

Wie in anderen Jahreszeiten, findet man auch im Winter Zapfen, die angenagt sind oder aus denen der Samen herausgepickt wurde. Mit Hilfe eines Bestimmungsbuchs der Spuren – hier: Fraßspuren – bekommt man heraus, ob sich hier eine Waldmaus oder ein Eichhörnchen, ein Specht oder ein Fichtenkreuzschnabel gütlich tat

Schneehase, Hermelin und Schneehuhn tragen einen Tarnanzug

Tiere, die in den Alpen oberhalb der Waldgrenze leben und auch in der kalten Jahreszeit aktiv bleiben, können im Winter nur überleben, wenn sie ein schneeweißes Fell oder Gefieder bekommen. Denn auf den weiten weißen Hängen würden sie in ihren grau- oder rotbraunen Sommerkleidern von jedem Feind sofort entdeckt und erbeutet. Die Verkleidungskünstler der Alpen sind der Schneehase, das Hermelin und das Alpenschneehuhn. (Das Hermelin kommt allerdings auch im Flachland vor.)

Der Schneehase, der ein wenig kleiner als der europäische Feldhase ist und dessen Löffel auffallend kürzer sind, lebt vor allem auf Island und Grönland, in Schottland, Irland und Skandinavien, in Kanada und in den nördlichen Gebieten der Sowjetunion. Aber eine kleine, inselartig isolierte Population ist auch in 1200 m bis 3400 m Höhe in den Alpen zu Hause. Die Schneehasen, die im hohen Norden leben, da also, wo stets Schnee liegt, haben das ganze Jahr über ein weißes Fell. Die Schneehasen der Alpen aber müssen ihre Fellfarbe wechseln, denn das Weiß, das sie auf dem Schnee tarnt, würde sie im Sommer verraten. So brauchen unsere Schneehasen ein Sommer- und ein Winterkleid.

Das Fell des Hasen wird nicht etwa auf ähnliche Weise weiß wie das Haar des Menschen im Alter. Das Fell verfärbt sich nämlich nicht. Dem Hasen wächst ein ganz neues Fell für den Winter. Und doch erfolgt der Farbwechsel im Spätherbst in nur wenigen Tagen. Denn schon längst wachsen neben den alten brauen Haaren die neuen weißen heran, ohne daß sie zunächst über die braunen Haare hinausragen, also ohne daß sie zu sehen sind. Erst wenn der Frost einsetzt, wachsen die dazu nötigen Millimeter und überdecken das braune Fell. Die braunen Haare fallen dann aus. Schwankt die Temperatur länger um den Nullpunkt, fällt das braune Haar noch nicht aus, so daß eine schmutzigweiße Fellfärbung entsteht, die beim Schneematsch bestens tarnt. Im Frühjahr wachsen dann neue braune Haare unter dem weißen Fell. Dann fallen die weißen Haare aus. Übrigens: Im Sommer wie im Winter haben Schneehasen schwarze Ohrenspitzen.

So wächst das Winterfell

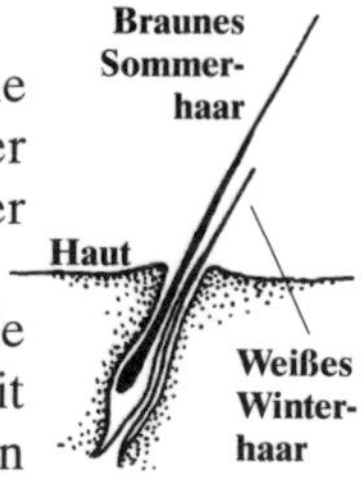

Gibt es mitten im Winter allerdings einmal eine Wärmeperiode, in der der Schnee taut, hat der Schneehase nur eine Überlebenschance, wenn er sich in einer Höhle versteckt hält.

Zum Winterkleid trägt der Schneehase passende «Schuhe»: Seine Pfoten sind dann dicht und breit behaart, so daß er wie auf Schneeschuhen über den Schnee huscht. Feldhasen, die im Winter über ein Schneefeld laufen wollen, haben es da schwerer: Sie sinken ein und kommen nur mühsam voran.

Da sich der Schneehase im Sommer von Alpenpflanzen ernährt, an die er im Winter oft nicht herankommt, nimmt er mit Baumrinden vorlieb, oder er versucht, sich in einem Heustadel Nahrung zu verschaffen.

Über Jahrhunderte trugen Könige als Symbol ihrer Souveränität das weiße Fell des Hermelins. Es ist inzwischen ein wenig aus der Mode gekommen. Und so lebt das Große Wiesel, wie das Hermelin auch heißt, heute wesentlich weniger gefährdet als früher. Aber da auch Kinder aus ihren Märchenbüchern vom herrlichen weißen Pelz des Hermelins wissen, erstaunt sie der winterliche Tarnanzug meist weniger als das Sommerkleid. In ihm ähnelt es dem Mauswiesel (siehe «Herbst», Seiten 31/32). Es hat dann also ein braunrötliches Fell.

Wie der Schneehase im Sommer wie im Winter schwarze Ohrenspitzen hat, ziert das Hermelin im Sommer wie im Winter eine schwarze Schwanzspitze. An ihr kann man es im Sommer dann auch vom Mauswiesel unterscheiden. Im Winter macht sie dem Hermelin einen manchmal lebensrettenden

Trick möglich. Hat es nämlich ein Steinadler trotz seines Tarnanzuges erspäht, schwenkt es seinen Schwanz zur Seite und täuscht mit der schwarzen Schwanzspitze, die sich als einziges deutlich vom Schnee abhebt, eine falsche Fluchtrichtung vor. Darum stößt der Adler dann oft ins Leere, und das Hermelin ist für diesmal gerettet.

Nun jagt es wieder selbst, Mäuse vor allem, Vögel und andere Tiere. Auch dem Schneehasen stellt es nach. Das Hermelin ist ein gewandter Jäger. Wo noch Bäume stehen, klettert es bis in die Kronen und hüpft von Ast zu Ast, um Vögel zu erhaschen. Wenn es Mäusen nachjagt, folgt es ihnen sogar in ihre unterirdischen Gänge.

Dreimal im Jahr wechselt das Schneehuhn sein Gefieder, um immer bestens getarnt zu sein. Im Sommer trägt es ein braungesprenkeltes Federkleid, das es zum Beispiel in Alpenrosen-Feldern optimal tarnt. Im Herbst hat das Schneehuhn ein graues Gefieder, in dem es sich vom kahlen Gestein kaum abhebt. Im Winter sind seine Federn schneeweiß. Dann kann es mit Hilfe der Ballen an den Füßen besonders gut über Schneefelder laufen. Durch seine scharfen schwarzen Krallen bewegt es sich selbst auf Eisflächen ohne Mühe.

Trotz seiner guten Beweglichkeit auf Eis und Schnee und seiner Tarnfarbe im Winter muß sich das Schneehuhn stets vor Feinden hüten. Es ist darum ein sehr vorsichtiger Vogel. Wenn es sich zum Beispiel am Abend in seiner Schneehöhle zur Ruhe begeben will, läßt es sich aus der Höhe auf den Hang fallen und verschwindet blitzschnell unter der Schneedecke, ohne eine Spur zu hinterlassen, die seinen Feinden, etwa Fuchs und Hermelin, ein Wegweiser zu seinem Schlafplatz sein könnte.

Bei Schneesturm graben sich Schneehühner übrigens als Gruppe in den Schnee ein, um sich gegenseitig zu wärmen. Sie haben dann immer in ihren Kröpfen etwas Nahrung, mit der sie sich notfalls ein paar Tage am Leben erhalten können. Sie können sich aber auch im Schnee bis zum Erdboden durchgraben, um dort vertrocknete Fichtennadeln oder andere Pflanzenreste zu sich zu nehmen.

Es ist schon faszinierend, wie sich die Tiere im Laufe ihrer Entwicklung an schwierige Lebensverhältnisse anzupassen gelernt haben.

Was man im Winterwald bei den Vögeln beobachten kann

Viele Waldvögel kommen im Winter an die Futterstellen im Garten, wo man sie in Ruhe beobachten kann. Andere trifft man auch jetzt vorzugsweise im Wald. Im Gegensatz zum Buntspecht läßt sich der Grünspecht zum Beispiel kaum am Futterhäuschen sehen. Er hat nämlich eine Reihe von Techniken entwickelt, mit deren Hilfe er selbst in kalter Zeit an Futter kommt. Vielleicht können Sie ihn bei der einen oder anderen Methode einmal beobachten.

Sein Leibgericht sind Ameisen. Und er rackert sich ganz schön ab, um an seine Lieblingsinsekten heranzukommen. Er schafft es auch bei steinhartem Boden, den Ameisenhaufen bis zu 50 cm tief aufzumeißeln und die Beute aus den unterirdischen Gängen herauszupicken. Wenn Sie ihn einmal dabei antreffen sollten, bleiben Sie doch in respektvollem Abstand stehen und verfolgen Sie seine Meisterleistung mit dem Fernglas. Eine faszinierende Hartnäckigkeit!

Der Specht sorgt übrigens nicht nur für sich. Wenn er zum Beispiel Baumrinden aufmeißelt, um an die Insekten heranzukommen, die unter ihr leben, pickt er sich nur hier und da ein paar auf, läßt viele unberührt. Darum folgen ihm oft Kleiber und Baumläufer, Goldhähnchen und Meisen, um genüßlich Nachlese zu halten. Wo sich eine größere

Zahl dieser Vögel wispernd und geschäftig an Baumstämmen zu schaffen macht, können Sie bestimmt weiter oben am Baum einen Specht ausmachen.

Der Specht weiß auch, auf raffinierte Weise an die Samen in den Zapfen heranzukommen. Er klemmt sie in Astgabeln oder Spalten und zerhackt sie der Länge nach, so daß ihre Reste zerfasert aussehen. Oft findet man an einer solchen «Spechtschmiede» eine Menge derart bearbeiteter Zapfen.

Besonders interessant ist es, jetzt die Fichtenkreuzschnäbel zu beobachten. Sie leben ja vor allem von den Samen, die sie mit ihrem speziell dafür geformten Schnabel aus den Fichtenzapfen picken. Da die Zapfen schon im Spätwinter oder im Vorfrühling reif sind, die Samen aber später bereits herausgefallen sind, müssen sie ihren Nachwuchs bereits großgefüttert haben, wenn andere Vögel erst noch an den Nestbau denken.

Mit Kindern gemeinsam

Wenn es in der Gegend Fichtenkreuzschnäbel gibt, wäre jetzt eine besonders gute Beobachtungszeit. Entdecken Sie einen, der jetzt sein Nest baut, so merken Sie sich die Stelle genau und kommen Sie in den nächsten Wochen häufiger mal vorbei – natürlich mit Fernglas bewaffnet! Sie können verfolgen, wie der Nestbau vorangeht, wenn die Vögel brüten und wenn sie ihre Jungen aufziehen. Der Fichtenkreuzschnabel legt meist drei bis fünf Eier. Das Weibchen brütet 12 bis 16 Tage. Die Jungen werden dann von beiden Eltern mit einem Brei aus zerquetschtem und gequollenem Fichtensamen aus dem Kropf gefüttert. 17 bis 23 Tage später verlassen sie das Nest. Sie haben aber anfangs noch gerade Schnäbel, mit denen sie nicht selbständig Samen aus den Zapfen picken können. So bleiben sie noch etwa drei weitere Wochen von den Eltern abhängig, bis der Schnabel zu dem nötigen Werkzeug ausgebildet ist.

Aktion im Januar: Umweltfreundlich streuen!

Es hat sich mittlerweise herumgesprochen: Streusalz schadet Pflanzen – vor allem den Straßenbäumen – wie den Tieren. In den Großstädten wird darum im allgemeinen heute auf Streusalz verzichtet.

Manchmal wird mit Mischmitteln gestreut, die nicht nur abstumpfende, sondern auch auftauende Wirkung haben. Auch sie belasten die Umwelt!

Darum: Erkunden Sie sich bei der Stadtverwaltung oder dem Gemeinderat, welche Streumittel in Ihrem Wohnort verwendet werden. Wirklich unbedenklich sind nur solche, die ausschließlich abstumpfende Wirkung haben, also Kies, Sand, Granulat und Asche vor allem. Eine erfreuliche Nebenwirkung: Festgetretener Schnee sieht doch auch viel hübscher aus als Schneematsch!

Sollte in Ihrem Wohnort noch umweltbelastendes Streugut verwendet werden:

- Schreiben Sie Leserbriefe an die Lokalzeitung und versuchen Sie so, eine öffentliche Diskussion auszulösen!
- Wenden Sie sich an Ihren Abgeordneten im Stadt- oder Gemeinderat! Wirkungsvoll wäre es, wenn Sie eine möglichst lange Unterschriftenliste vorlegen könnten. Denn dann repräsentiert dem Abgeordneten ja jede Unterschrift eine Wählerstimme!
- Beteiligen Sie Ihr Kind an der Aktion. Schulkinder jedenfalls engagieren sich fast immer begeistert für die gute Sache und sammeln zum Beispiel Unterschriften.
- Wer von der Kommune ein umweltfreundliches Verhalten erwartet, muß sich natürlich auch selbst unweltfreundlich verhalten. Also: Verwenden auch Sie nur umweltfreundliche Streumittel!

Februar: Am See

Wasservögel bereiten sich auf die «Hochzeit» vor

Im Februar ist es besonders interessant, Wasservögel zu beobachten. Auf den eisfreien Flächen haben sich nun nämlich besonders viele versammelt.

Sie kommen zum Teil von Seen und Teichen, die jetzt zugefroren sind. Außerdem halten sich in diesem Monat auch die meisten Wintergäste noch bei uns auf. Und gegen Ende des Monats lassen sich dann schon die ersten Durchzügler sehen, also die Zugvögel, die dann auf dem Weg aus ihrem Winterquartier in ihr Brutgebiet sind und hier rasten.

Ein besonderes Augenmerk sollten Sie jetzt auf die Enten haben. Die meisten Erpel (die männlichen Tiere) tragen nämlich bereits ihr Prachtgefieder zur Schau. Im Spätsommer standen sie in der Mauser, also im Federwechsel.

Danach sahen sie monatelang den Weibchen sehr ähnlich, die ja das ganze Jahr über einen Tarnanzug tragen. Dann wurde das Gefieder der Männchen wieder bunter.

Die Enten führen im Vergleich zu anderen Vögeln eine ganz besondere Vogel«ehe». Die Erpel

1 Stockente
2 Spießente
3 Tafelente
4 Teichralle
5 Reiherente
6 Bleßralle

bemühen sich nämlich nicht erst zur Brutzeit um das Weibchen, sondern bereits vor Winteranfang.

Die meisten haben sich jetzt schon längst zu Paaren zusammengefunden und zeigen das auch immer wieder, indem sie viel nebeneinander schwimmen. Darum kann man jetzt die Enten alle wieder eindeutig bestimmen.

Die Männchen, weil sich die verschiedenen Entenarten in ihrem Prachtgefieder eindeutig unterscheiden, die Weibchen, die alle recht ähnlich aussehen, durch das Männchen, das sich meist in ihrer Nähe aufhält.

Während die Stockente das ganze Jahr über auf unseren Seen und Teichen zu sehen ist, hält sich die

Informationen über das Entengefieder

Vielleicht möchte Ihr Kind gern wissen, warum nur die Männchen so ein schönes Federkleid besitzen.
Die Antwort:
Wenn die Enten im Frühjahr ihre Eier ins Nest gelegt haben, müssen die Weibchen brüten. Sind die Jungen geschlüpft – es sind Nestflüchter (siehe «Frühling», S. 60) –, führt die Mutter die Jungen. Da ist so ein rotbrauner Tarnanzug besser geeignet als ein Prachtgefieder, das nur Aufmerksamkeit von Feinden auf die Jungen lenken würde, die ja noch unerfahren und darum stets eine leichte Beute sind. Die Mutter muß also zum Schutz ihres Nachwuchses auf das farbenprächtige Kleid verzichten.
Die Erpel dagegen, die ohnehin nichts von Vaterfreuden und -pflichten halten, können sich in ihrer herumziehenden Männergesellschaft solche Farbenpracht leisten. Sie setzen sie vor allem für die Brautwerbung ein. Da sich die Enten mittlerweile längst verpaart haben, haben sie dann im Frühling die wichtige Funktion, das Weibchen in Hochzeitslaune zu versetzen.

Spießente zum Beispiel meist nur zu bestimmten Zeiten an unseren Gewässern auf. In den verschiedenen Teilen Deutschlands, in der Schweiz und in Österreich verhält sie sich dabei unterschiedlich: An der Nordseeküste und in Schleswig-Holstein lebt die Spießente als Standvogel. Nur in diesen Gebieten ist sie sommers wie winters anzutreffen. In Österreich, der Schweiz und in Deutschland westlich der Elbe ist sie Wintergast, also zum Beispiel jetzt noch bis März zu sehen. In Ostdeutschland hat dieser Zugvogel sein Brutgebiet. Dort ist er also erst ab März wieder zu beobachten. Aber auch da, wo er nur Wintergast ist, hat er sich um diese Zeit schon verpaart. Die «Hochzeit» wird jedoch erst im Brutgebiet stattfinden.

Auch bei den Spießenten ist das Männchen attraktiver als das Weibchen, das dem Stockentenweibchen recht ähnlich sieht. Das Männchen hat einen braunen Kopf, einen weißen Hals, eine weiße Brustpartie und ist auf dem Rücken wie an den Seiten blaugrau gefärbt.

Fast in allen Gebieten ist jetzt auch die Reiherente zu sehen. In ganz Norddeutschland vom Niederrhein bis zur Oder lebt sie als Standvogel, ist also das ganze Jahr über zu Hause. In Österreich und in der Schweiz brüten nur wenige. Dort ist sie meist nur Wintergast. Aber auch dort kann man sie in dieser Zeit beobachten. Ebenso in den meisten Teilen Süddeutschlands. Im Südosten allerdings taucht die Reiherente erst im nächsten Monat und nur als Durchzügler auf. Auch bei den Reiherenten ist der Erpel viel prächtiger ausgestattet als das überwiegend dunkelbraune, am Bauch etwas hellere Weibchen. Das Männchen hat nicht nur ein auffallend schwarzweißes Gefieder. Es trägt zudem am Hinterkopf auch noch einen schmückenden Federschopf, von dem es beim Weibchen nur die vage Andeutung gibt. Er erinnert an die Reiher, was zum Namen Reiherente führte.

Die Tafelente sei hier als letzte Entenart besonders hervorgehoben. Sie ist das ganze Jahr über in ganz Deutschland, in Österreich und in der Schweiz zu sehen, wenn auch bei weitem nicht so zahlreich wie die Stockente. Vor allem in der Schweiz ist sie schon sehr selten geworden. Jetzt in seinem Prachtkleid hat der Erpel einen roten Kopf bis zur Halswurzel, einen silbergrauen Rücken, silbergraue Seiten und einen schwarzen Bauch und Schwanz. Auch das Tafelenten-Weibchen ist unauffällig bräunlich gefärbt.

Tafel- und Reiherente sind Tauchenten. Stock- und Spießente sind Schwimmenten. Wer die Enten eine Weile beobachtet, wird schnell das unterschiedliche Verhalten von Schwimm- und Tauchenten bemerken.

Spaß macht es auch, diesen Unterschied zu beobachten: Wenn Schwimmenten aus dem Wasser auffliegen, erheben sie sich sofort in die Luft. Tauchenten laufen beim Auffliegen erst noch ein Stückchen auf der Wasseroberfläche.

Die Prachtgewänder der Erpel sind nicht die einzige Hochzeitsvorbereitung, die längst getroffen ist. Man kann auch schon über längere Zeit Balzhand-

Keine Frage: Es macht Kindern Spaß, Enten zu füttern. Trotzdem: Sie sollten Ihr Kind davon überzeugen, daß es den Tieren meist schadet. Besonders Brot und ähnlich quellende Nahrungsmittel sind Gift!

lungen der Vögel beobachten. Der Stockentenerpel zum Beispiel läßt seinen Grunzpfiff hören, erhebt sich manchmal kurz hoch aus dem Wasser oder führt sein Nickschwimmen vor, alles nur um allmählich Hochzeitsstimmung beim Weibchen aufkommen zu lassen.

Nicht alle Wasservögel führen eine so kurze Vogelehe wie die Enten, bei denen sich Männchen und Weibchen gleich nach der Eiablage wieder trennen. Die meisten Wasservogel-Männer sind viel «treuer». Die Rallenmännchen zum Beispiel, zu ihnen gehören Teich- und Bleßralle, helfen ihren Weibchen noch beim Führen der ebenfalls nestflüchtenden Jungen.

Information über die Bürzeldrüse

Wenn Sie mit Ihrem Kind Wasservögel in eisigem Wasser beobachten, wird Ihr Kind vielleicht wissen wollen, ob denn die Tiere nicht frieren. Ein Mensch würde es schließlich nicht lange in so kaltem Wasser aushalten. Sie können diese Kinderfrage natürlich beantworten: Fast alle Wasservögel besitzen oberhalb von ihrem Schwanz eine sogenannte Bürzeldrüse. (Auf die Ausnahme Kormoran wurde im «Herbst», Seite 52 hingewiesen.) Mit ihrem Schnabel pressen sie aus dieser Drüse ein talgartiges Sekret heraus und verteilen es in ihrem Gefieder. Das Fett macht es wasserabstoßend.

Diese Deckfedern sind aber nicht nur wasserabstoßend, sondern außerdem extradicht. Von den kleinen Ästen, die vom Federschaft ausgehen, kann man unter einer Lupe die ganz feinen Strahlen ausgehen sehen. Mit winzigen Häkchen sind sie miteinander verbunden wie zwei Teile eines Reißverschlusses. Zwischen diesen dichten und wasserabstoßenden Deckfedern und den feinen, flaumartigen Daunen am Körper des Vogels ist nun warme Luft eingeschlossen. Sie isoliert den empfindlichen Vogelkörper vor der Kälte, die im Winter um ihn herum herrscht. So ausgestattet, fühlen sich die Wasservögel auch in eisigen Fluten pudelwohl.

Auch unter dem Eis ist noch Leben im Teich

Ein zugefrorener Teich erscheint uns tot. Die Pflanzen sind welk, abgestorben. Die Bewegung des Wassers ist im Eis erstarrt. Welches Lebewesen sollte sich in so unwirtlicher Umgebung noch wohl fühlen können?

Unwirtlich? Das ist der Eindruck dessen, der in klirrender Kälte am Ufer steht und dessen Blick nur bis zur Eisdecke reicht und nicht darunter. Denn, was unseren Blick abweist, weist zugleich auch die Winterkälte ab.

Wasser ist nämlich ein erheblich schlechterer Wärmeleiter als Luft. Und das bedeutet: Wasser kühlt wesentlich langsamer ab als Luft. Wenn die Lufttemperaturen dann unter den Gefrierpunkt sinken und sich die Wasseroberfläche mit einer Eisdecke überzieht, sind im Wasser die Temperaturen noch deutlich über Null. Und vor allem: Wenn nun nicht anhaltender Dauerfrost herrscht, kühlt das Wasser meist gar nicht mehr weiter ab. Unter dem Eis ist es also viel behaglicher als darüber.

Meist kann durch das Eis auch immer noch genug Licht für das Weiterleben der Pflanzen fallen. Nur wenn das Eis dicker als fünf Zentimeter ist oder wenn Schnee darauf liegt, wird es für die Pflanzen und damit auch für die Tiere lebensgefährlich. Darum sieht man zum Beispiel vor allem bei Fischteichen manchmal, daß der Schnee von einem Teil des Teiches weggefegt wurde. Da fürchtete der Eigner um seine Tiere und hat dafür gesorgt, daß wieder genug Licht in ihren Lebensraum fallen kann.

Denn nur solange die Wasserpflanzen genug Licht bekommen, können sie mit der Hilfe seiner Strahlenenergie aus Kohlendioxid und Wasser die für sie lebensnotwendigen Kohlenhydrate (Stärke, Zucker) aufbauen und Sauerstoff an ihre Umgebung abgeben, den die Tiere brauchen. Diesen Vorgang nennt man übrigens Photosynthese. Voraussetzung für sie ist das Blattgrün, auch Chlorophyll genannt.

Gerade jetzt, da die Eisdecke das Wasser von der Luftzufuhr von oben abschneidet, ist die Tierwelt unter Wasser vom Sauerstoff, den diese Pflanzen abgeben, abhängig.

Informationen über das warme Wasser unter dem Eis

Die meisten Insektenlarven und Tiere, die Sie mit Ihrem Kind im Herbst näher unter die Lupe genommen haben («Herbst», Seite 59 ff.), leben auch jetzt noch im Teich. Der Teichläufer allerdings lebt jetzt als Puppe an Land. Die meisten anderen leben am Gewässergrund, wo jetzt auch die Fische ihre Winterruhe halten. Dort nämlich ist das Wasser mit ca. 4° C am wärmsten. Will Ihr Kind wissen, warum das so ist, können Sie es ihm erklären:
Die kältesten Wasserschichten liegen unmittelbar unter dem Eis. Wasser verhält sich ja anders als andere Stoffe bei Kälte. Wenn warmes Wasser abkühlt, zieht es sich zusammen, sinkt seine Temperatur aber unter 4° C, dehnt es sich wieder aus. Bei 0° C gefriert es. Bis dahin hat sich das Wasser/Eis um 1/11 ausgedehnt. Den wenigsten Raum nimmt eine bestimmte Menge Wasser also bei 4° C ein. Dieses Wasser ist am schwersten und sinkt auf den Grund des Teiches. Das ist für Fische die ideale Überwinterungstemperatur. Sind Gartenteiche zum Beispiel zu flach, so gibt es so warme Temperaturen nicht in dem Teich, und die Fische erfrieren.

• Wenn die Eisdecke des Teichs taut, hört man es weithin knacken. Vielleicht möchte Ihr Kind wissen, was diese Geräusche bedeuten. Sie können sie ihm erklären:
Die Temperatur des Wasser direkt unter dem Eis steigt. Damit zieht sich das Wasser dort zusammen. Hohlräume entstehen. Die Eisdecke «schwebt» nun gewissermaßen über dem Wasser. Taut das Eis, reißt sie auf, Eisstücke brechen ab und fallen auf die Wasseroberfläche. Dieses Brechen des Eises verursacht das rätselhafte Knacken.

Besonders interessiert Ihr Kind vielleicht, wo denn jetzt die quakenden Frösche geblieben sind. Frösche gehören wie die Kröten und Molche zu den Lurchen oder Amphibien (siehe «Frühling», Seite 63 f.). Das sind allesamt wechselwarme Tiere. Das bedeutet: Ihre Körpertemperatur paßt sich ihrer Umgebung an. Darum fallen diese Tiere, also auch Frösche, in eine Winterstarre. Sie ziehen sich rechtzeitig in ein Winterquartier zur Ruhe zurück. Für die Teich- oder Wasserfrösche sowie für die Grasfrösche ist das im allgemeinen der warme Schlammgrund des Teiches. Der Laubfrosch dagegen macht es den Kröten gleich. Er sucht die Winterruhe an Land, gräbt sich in die Erde ein oder in Laubstreu.

Manchmal erwachen die Lurche oder Amphibien schon Ende Februar aus ihrem Winterschlaf. Dann beginnen sie sofort mit ihrer Wanderung an die Laichteiche. Das ist für die Frösche und Kröten die gefährlichste Zeit. Denn ehe viele ihr Ziel erreicht haben, werden sie von Autos totgefahren. Um dieser bedrohten Gruppe von Tieren zu helfen, bauen darum im Vorfrühling überall Tierfreunde sogenannte Amphibienzäune auf (siehe Seite 80 ff.).

Da können alle mitmachen: Schon jetzt Warnschilder für Autofahrer malen: «Achtung! Krötenwanderung!»

Aktion im Februar: Lurche-Warnschilder und Amphibien-Zäune!

Wenn sich die Frösche und Kröten spätestens im März auf ihre Laichwanderung, also auf den Weg von ihren Winterquartieren zu ihrem Laichteich begeben, sind sie durch den Autoverkehr stark gefährdet. Es gibt mehrere Möglichkeiten, die Gefahr zu verringern oder gar weitgehend zu bannen:

• Am besten ist eine vollständige Sperrung der Straßen, die von den Tieren überquert werden. Das setzt aber eine Menge Verständnis voraus. Denn der Zeitpunkt der Wanderung hängt ja entscheidend auch von der Witterung ab und kann nur von einem erfahrenen Naturschützer einigermaßen zuverlässig vorhergesagt werden. Der kann dem zuständigen Beamten beim Straßenbauamt dann sagen, in welchen Nächten die Wanderzüge zu erwarten sind, wann also demnach die Sperrung zu erfolgen hätte. Dieser Beamte müßte dann berechtigt

Die Erfahrung lehrt: Selbst eilige Autofahrer treten auf die Bremse, wenn sie so ein von Kindern gemaltes Plakat sehen

sein, eine solche Sperrung kurzfristig zu verfügen. Das erfordert ein wenig Verwaltungsaufwand, dafür aber keine eigenen Kosten. Soviel Verständnis aber ist in den Kommunen nicht immer anzutreffen. Fehlt es, gäbe es zwei weitere Möglichkeiten:

• Malen Sie mit Ihrem Kind und seinen Freunden Lurche-Warnschilder. Es gibt ja auch einsichtsvolle Autofahrer, die beim Anblick solcher Warnschilder, besonders wenn sie von Kindern angefertigt wurden, dann doch auf die Bremse treten und aufmerksam fahren. Damit können die Verluste sicher ein wenig reduziert werden.

• Erkundigen Sie sich bei Ihren örtlichen Naturschutzorganisationen, wann wo Amphibien-Zäune aufgestellt werden sollen, und bieten Sie Ihre Hilfe und die Ihres Kindes an! Oder erkundigen Sie sich dort, wo noch solche Zäune aufgestellt werden müßten und sammeln Sie weitere Engagierte, die mit Ihnen zusammen so einen Zaun aufbauen. Der könnte zum Beispiel etwa so aussehen:

So funktioniert der Zaun: Er besteht aus 40–50 cm breiten Bahnen Maschendraht, Kunststoffnetzen oder Folien. Das Material wird an Pfähle genagelt, die im Abstand von ca. 1,5 m in die Erde gestekt sind. Alle 15 bis 20 m wird am Zaun ein Plastikeimer eingegraben, in den die wandernden Tiere fallen. Das Wichtigste: Morgens und abends Tiere einsammeln und auf die andere Straßenseite bringen

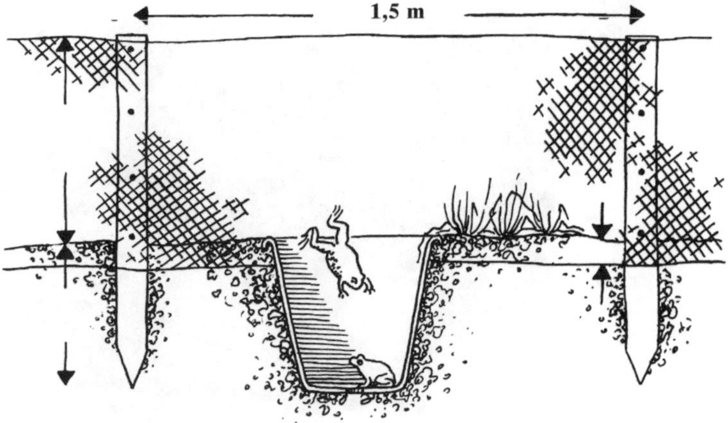

Ein solcher Fangzaun wird in Verbindung mit eingegrabenen Eimern parallel zur Straße, die üblicherweise von den Lurchen überquert wird, aufgebaut. Kunststoffnetze, Kunststoffgewebe oder stabile Folie wird an Pfähle genagelt, die etwa drei bis vier Meter in die Erde gerammt wurden. Aufwendiger, aber unter ökologischen Gesichtspunkten besser, sind Pfahlverbindungen aus Holzbrettern, da sie keinen Kunststoffabfall produzieren. Ein solcher Zaun verhindert zunächst, daß die Tiere auf die Straße gelangen. Sie wandern nun am Zaun entlang. Alle 15 bis 20 Meter werden Fangeimer eingegraben. Die Tiere fallen hinein. Am Morgen sammeln Naturschützer die Tiere ein und tragen sie auf die andere Straßenseite. In der Hauptzugzeit sollten die Eimer auch am Abend, also zweimal täglich kontrolliert werden.

Da sich die Zugzeiten, die Hin- und Rückwanderungen verschiedener Arten überschneiden, sollten solche Zäune gleich auf beiden Seiten der Fahrbahn errichtet werden.

Solche Aktionen erfordern einen hohen Zeitaufwand, deshalb ist jeder zuverlässige Helfer gefragt! Machen Sie also mit.

Die Hamburger Pandagruppe arbeitet engagiert, um den Lurchenzaun rechtzeitig fertig zu haben

Ein kleiner Exkurs: Mit Kindern ins Naturkundemuseum

Nicht jedes Naturkundemuseum ist für Kinder attraktiv. Wo sich vor allem präparierte Tiere einzeln in unzähligen Schaukästen präsentieren, da lockt man die meisten Kinder bestenfalls aus einer Unterrichtsstunde ins Museum. Wo aber stets mehrere Tiere in ihrem Lebensraum in liebevoll gestalteten Dioramen gezeigt werden, die wie Schaufenster der Natur erscheinen, da werden viele freiwillig in ihrer Freizeit auch den Weg ins Museum finden.

Hier können die Kinder die Tiere in aller Ruhe betrachten, denn sie fliehen oder verstecken sich nicht. Für erste Versuche, Tiere zu zeichnen oder zu modellieren, eignet sich ein Museum darum besser als Wald und Feld, ein Bach- oder ein Seeufer.

Besonders gut geeignet sind solcherart gestaltete Museen dann, wenn sie sich vor allem oder in bestimmten Räumen ganz und gar den Tieren und

Superlative faszinieren Kinder. Im Museum für Naturkunde in Berlin (Invalidenstr. 43) werden alle vom riesigen Saurier-Skelett angezogen

Pflanzen der heimatlichen Umgebung widmen. Da ist zum Beispiel das Museum in Lembruch am Dümmersee, das die Vogelwelt am See in Dioramen vorstellt und die Seefische in Aquarien, oder das naturkundliche Heimatmuseum in Niebüll (Schleswig-Holstein), das die Vögel und Säugetiere Nordfrieslands präsentiert, und zwar in großen Dioramen vom Meer, vom Moor und von der Heide.

Ähnlich ist es zum Beispiel auch beim Seemuseum in Neusiedel am Neusiedlersee im Burgenland (Österreich) oder im Spreewaldmuseum in Lübbenau (Brandenburg)

Ein Beispiel für spezielle Räume, die sich mit heimischen Tieren und Pflanzen beschäftigen, ist der «Heimatsaal» des Naturwissenschaftlichen Museums in Coburg (Bayern), der eine lückenlose Übersicht über die Tiere des Coburger Landes bietet.

Besonders attraktiv ist es, wenn Kinder in einem Museum lebende Tiere bei Tätigkeiten beobachten können, die man in der Natur nie verfolgen kann. Zum Beispiel durch eine Glasscheibe die Arbeiterinnen eines Bienen- oder Ameisenstaates beim Bauen oder Füttern der Brut. Das ist etwa möglich in Braunschweig, in Lübeck, in Chemnitz (im eigenen Insektarium) und in Dortmund.

Auch die häufig vorkommenden Aquarien sind ein besonderer Anziehungspunkt im Naturkundemuseum.

Schauen Sie sich die Angebote in Ihrer Gegend unter diesen Gesichtspunkten einmal an – zunächst ohne Kinder. Dabei können Sie auch feststellen, ob das Museum ein spezielles Kinderprogramm anbietet, zusammengestellt von einem engagierten Museumspädagogen. Ein paar Beispiele sollen andeuten, was da alles denkbar ist:

Im Staatlichen Naturkundemuseum Görlitz gibt es vielbesuchte Bastelstunden, die unter dem Motto stehen: «Wir gestalten Tiere aus Holzteilen». In vielen Museen werden Modellierkurse angeboten. Solche Kurse regen die Kinder zum genauen Hinsehen an, so daß sie danach das Tier in Holz oder Ton nachschöpfen können. Dabei lernt ein Kind das Tier natürlich besonders gut kennen.

Einige Museen bieten für ältere Kinder Mikroskopierkurse an. In Dortmund zum Beispiel gehören sie für Kinder ab zwölf zum festen Programm der Abteilung des Naturkundemuseums, die als «Kindermuseum» bezeichnet wird. Von dort aus werden sogar geologische Exkursionen für Kinder veranstaltet. Sie werden besonders gern besucht, weil man immer einen tollen Helm beim Herumklettern auf den Halden aufsetzen muß, und weil man oft genug ein schönes Fundstück mit nach Hause nehmen kann.

Museumsmitarbeiter bieten in einigen Städten auch Wandergruppen für Kinder an, um ihnen in der Natur selbst biologische Hinweise geben zu können. In Freiberg, am östlichen Erzgebirge gelegen, hat diese Tradition gerade jetzt einen besonderen Wert: Das Naturkundemuseum wird rekonstruiert, eine zeitaufwendige Arbeit, die noch eine Weile dauern wird. Da bieten die Wanderungen eine wichtige Chance, den Kontakt zu den Kindern und Eltern der Stadt nicht zu verlieren.

Rechts:
In vielen Museen lernen Kinder, Tiere nach Präparaten zu gestalten

Links:
Viele Museen bieten Mikroskopierkurse für Kinder an

Sternenhimmel im Winter

Die meisten Sterne gehen im Osten auf und im Westen unter

Planetarien und Volkssternwarten mit öffentlichen Führungen:

Bautzen
Sternwarte Johannes Franz, Czorneboh-str. 82, O-8600 Bautzen

Berlin
Archenhold-Sternwarte, Alt-Treptow 1, O-1193 Berlin-Treptow
Wilhelm-Foerster-Sternwarte und Planetarium, Munsterdamm 90, W-1000 Berlin 41
Zeiss-Großplanetarium, Prenzlauer Allee 80, O-1055 Berlin

Wer oft zu den Sternen aufblickt, weiß: Das Firmament sieht um 18 Uhr anders aus als um 19 Uhr und um 19 Uhr anders als um 20 Uhr. Der Sternenhimmel, an dem ich mich heute um 18 Uhr erfreue, zeigt ein anderes Bild als der, den ich in einer Woche oder in einem Monat um dieselbe Zeit betrachte. Und wenn ich an Deck eines Rheindampfers stehe und in den Nachthimmel schaue, so sehe ich ihn anders, als stünde ich zur selben Zeit auf einem Dampfer auf der Oder.

Niemand nämlich kann den nördlichen Himmel ganz überblicken. Und von unterschiedlichen Standorten aus hat man außerdem eine verschiedene Perspektive. Was man sieht, das hängt einerseits immer vom Standort, andererseits vom Zeitpunkt des Betrachtens ab. Denn nur der Polarstern steht zu jeder Zeit am selben Ort, genau im Norden. Alle anderen Sterne wandern tatsächlich oder scheinbar.

Die tatsächlich «wandeln», das sind die sogenannten Wandelsterne oder Planeten. Sie ziehen auf eigenen Bahnen – wie die Erde, die ja auch ein Planet ist – um die Sonne herum. Die kleinsten Kreise um die Sonne zieht der Merkur. Er hat sie schon in 88 Tagen einmal umrundet. Die nächst größeren Kreise zieht die Venus. Sie braucht für ihren Weg um die Sonne 244 Tage. Dann kommt schon die Erde. Sie ist 150 Millionen Kilometer von der Sonne entfernt und umkreist sie in 365 Tagen und 1/4 Tag. Wir sagen, die Erde umkreist die Sonne in einem Jahr. Und um den Viertel Tag nicht zu unterschlagen, helfen wir uns so: Das Jahr hat 365 Tage, aber alle vier Jahre hat es eben 366 Tage. Das ist dann das sogenannte Schaltjahr, in dem es einen 29. Februar gibt.

Weiter als die Erde sind von der Sonne die anderen Planeten entfernt, nämlich Mars, Jupiter, Saturn, Uranus, Neptun und Pluto. Für diejenigen, die sich die Reihenfolge der neun Planeten unseres Sonnensystems gern merken möchten, gibt es eine schöne Eselsbrücke:

Mein	Merkur	Sonntag	Saturn
Vater	Venus	unsere	Uranus
erklärt	Erde	neun	Neptun
mir	Mars	Planeten	Pluto
jeden	Jupiter		

Pluto ist also am weitesten von der Sonne entfernt, nämlich fast sechs Milliarden Kilometer.

Während die Planeten auf eigenen Bahnen um die Sonne wandern, stehen die Fixsterne – ihr Name deutet es ja bereits an – in ihrer Stellung zur Sonne und damit auch in ihrer Stellung zur Erde an einem festen Ort. Wenn wir sie dennoch «wandern» sehen am Himmel, so liegt das daran, daß sich unsere Erde ja nicht nur um die Sonne, sondern auch um die eigene Achse dreht, einmal in 24 Stunden. Weil sich die Erde in östlicher Richtung bewegt, scheint uns, als bewegten sich die Sonne und die Fixsterne von Osten nach Westen. Sie gehen für uns im Osten auf und im Westen unter. (Die Sonne ist ja auch ein Stern, nur einer, der uns besonders nahesteht.)

Bochum
Planetarium und Sternwarte, Castroper Str. 67, W-4630 Bochum 1
Bremen
Planetarium und Sternwarte der OLBERS-Gesellschaft, Werderstr. 73, W-2800 Bremen
Freiburg
Richard-Fehrenbach-Planetarium i. d. Gewerbeschule II, Friedrichstr. 51, W-7800 Freiburg

Mit Kindern gemeinsam

Fahren Sie einmal weit vor die Stadt oder gehen Sie aus dem Dorf aufs Feld, wo Sie besser als im Lichtermeer oder der Beleuchtung durch Straßenlaternen die Sterne funkeln sehen. Natürlich muß das an einem ganz klaren Tag sein, einem Tag mit wolkenlosem Himmel. Suchen Sie als erstes den Polarstern! Sie entdecken ihn, wenn Sie nach Norden schauen. Es ist der Stern, in dem die Deichsel des kleinen Wagens endet. Der Kleine und der Große Wagen, das sind ja sicher die bei uns bekanntesten Sternbilder. Ein

Sternbild ist übrigens eine Gruppe von Sternen, in der man seit alters ein bestimmtes Bild zu erkennen glaubt. Oft sind das Bilder aus alten Mythen, die von Göttern, Menschen und Tieren erzählen. Dann suchen Sie das ebenfalls bekannte Sternbild der Kassiopeia. Es steht auf der, vom Großen Wagen aus betrachtet, entgegengesetzten Seite des Polarsterns.

Wenn Sie einmal Gelegenheit haben, mehrmals an einem Abend an den Himmel zu schauen, werden Sie mit Ihrem Kind etwas Erstaunliches entdecken: Diese drei Sternbilder bewegen sich nicht von Osten nach Westen wie die meisten Sternbilder, sondern um den Fixpunkt Polarstern herum. Der Polarstern nämlich ist ein echter Fixpunkt. Er verändert seine Stellung zur Erde aus ein und derselben Perspekive nie. Und diese drei Sternbilder umkreisen scheinbar einmal in 24 Stunden diesen Polarstern. Diese Sternbilder gehen also für uns nie auf und nie unter. Sie sind am Winter- wie am Sommerhimmel nachts im Norden zu sehen. Außer diesen drei wohl bekanntesten Sternbildern verhalten sich noch zwei weitere ebenfalls sehr bekannte Sternbilder genauso: Kepheus und Drache.

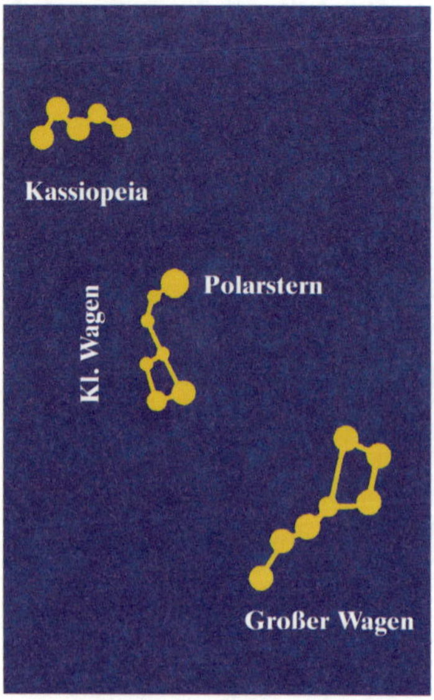

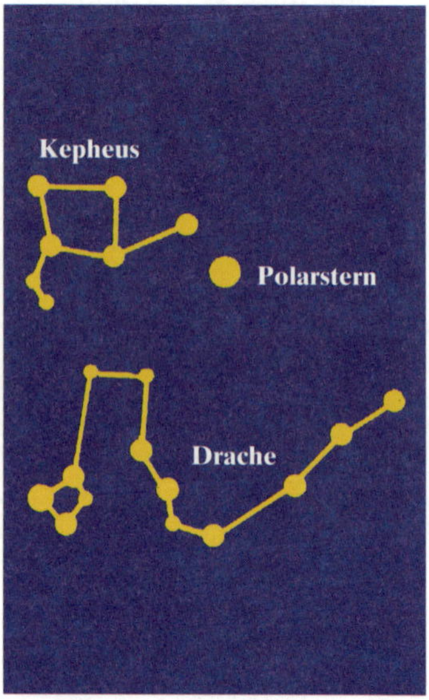

Die schönsten Sternbilder des Winterhimmels

Das beherrschende Sternbild am nördlichen Winterhimmel ist der Orion. Anfang Dezember geht er etwa um 19.30 Uhr im Osten auf und gegen 5 Uhr morgens im Westen unter. Anfang Januar ist er schon ungefähr zwei Stunden früher am Osthimmel zu sehen. Wieder vier Wochen später sieht man ihn bei Einbruch der Dunkelheit bereits recht hoch am Südhimmel stehen. Er geht dann schon etwa um 1 Uhr nachts hinter dem Westhorizont unter. Bei Frühlingsanfang steht er schon beim Eintritt der Dunkelheit nur noch knapp über dem Horizont im Westen.

Dieses auffällige Sternbild ist aus drei Etagen aufgebaut. Ganz oben leuchten zwei sogenannte Schultersterne, einer (Beteigeuze, arabisch für Schulter) leuchtet besonders hell. Darunter liegen drei «Gürtelsterne» und ganz unten zwei «Fußsterne», wobei der rechte Rigel heißt und ebenso hell leuchtet wie Beteigeuze. Ein paar kleinere Sterne über den Schultersterne deuten Orions Kopf an.

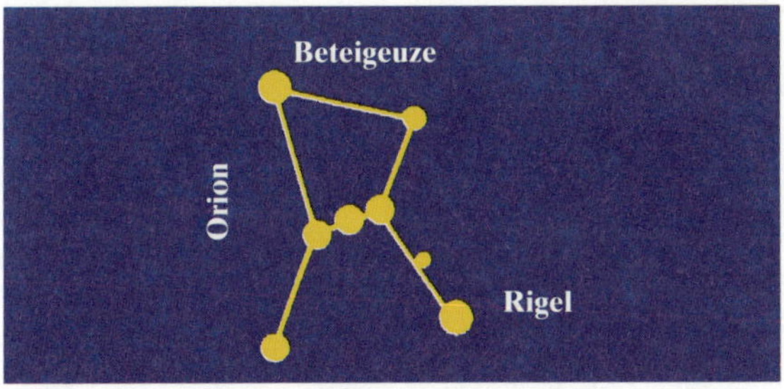

Die Sterne des Orion sind übrigens ganz unterschiedlich weit entfernt von der Erde. Beteigeuze etwa 300 Lichtjahre, Rigel dagegen ungefähr 900 Lichtjahre. Uns aber erscheint Orion wie eine Figur auf einer Ebene.

Halle
Raumflugplanetarium, Peißnitz, O-4020 Halle
Hamburg
Planetarium, Hindenburgstr. 1, W-2000 Hamburg 60
Heidelberg
Landessternwarte, Königstuhl, W-6900 Heidelberg
Jena
Planetarium, Am Planetarium 5, O-6900 Jena
Kiel
Planetarium, Knooper Weg 62, W-2300 Kiel 1
Klagenfurt
Raumflugplanetarium, Villacher Str. 239, A-9020 Klagenfurt
Leipzig
Planetarium im Zoo, Dr.-Kurt-Fischer-Str. 29, O-7010 Leipzig

Luzern
Planetarium im Verkehrshaus der Schweiz, Lidostr. 5, CH-6000 Luzern
Mannheim
Planetarium, W.-Varnholt-Platz 1, W-6800 Mannheim 1
München
Planetarium und Bayerische Volkssternwarte, Anziger Str. 1, W-8000 München 80
Planetarium im Deutschen Museum, Museumsinsel 1, W-8000 München 26
Münster
Planetarium im Naturkunde-museum, Sentruper Str. 285, W-4400 Münster

Orion gilt als Jäger, der der Sage nach mit dem Stier kämpft.

Das ebenfalls recht auffällige Sternbild des Stiers steht darum auch am Winterhimmel, etwas nordwestlich vom Orion. Sein hellster Stern ist der Aldebaran. Der Name kommt aus dem Arabischen und bedeutet «der Nachfolgende». Das bezieht sich darauf, daß es am Himmel so aussieht, als liefe Aldebaran einem Sternenhaufen hinterher, den Hyaden. In Wirklichkeit ist das wieder einmal eine optische Täuschung, denn Aldebaran ist nur etwa 60 Lichtjahre von der Erde entfernt, die Sterne der Hyaden dagegen fast 150 Lichtjahre. Der V-förmige Sternenhaufen stellt das Gesicht des Stieres dar, der besonders hell leuchtende Aldebaran steht darin für das Auge.

Im Osten des Nordhimmels, nicht weit vom Stier, tauchen jetzt auch die Plejaden auf, wohl der bekannteste Sternenhaufen am Winterhimmel.

Wenn Sie sich gen Süden wenden, kommen Sie in den Bereich, der im Winter von der «Fisch»-Familie beherrscht wird. Der besonders schöne Südliche Fisch mit dem sehr hellen Stern Formalhaut (zu deutsch «Maul des Fisches») verschwindet schon Anfang Dezember bereits gegen 18 Uhr hinter dem südwestlichen Horizont. Die Sternbilder Fische, Walfisch und Wassermann bleiben dem Südhimmel dagegen noch lange erhalten. Die im größten Bilderbuch der Welt, dem Sternhimmel, lesen können, erzählen, der Wassermann gösse gerade Wasser ins Maul des Südlichen Fisches, was wohl die Fische und den Walfisch angelockt habe.

Zum Walfisch ist noch etwas Besonders zu vermerken: Sein Stern Mira verhält sich anders als die meisten Sterne. Im allgemeinen nämlich leuchten Sterne stets mit derselben Helligkeit. Es gibt aber auch einige sogenannte Mira-Sterne, das sind Sterne, die ihre Leuchtkraft verändern. So kann man Mira manchmal kaum noch mit einem Amateurfernrohr erkennen, manchmal aber erscheint Mira mit der Leuchtkraft, die bis zu der von Beteigeuze, Rigel, Aldebaran und Formalhaut herankommen kann. Bisher aber kann man das Maximum der Helligkeit noch nicht voraussagen.

Nürnberg
Planetarium, Am Plärrer 41, W-8500 Nürnberg
Osnabrück
Naturwiss. Museum / Planetarium, Am Schölerberg 8, W-4500 Osnabrück
Recklinghausen
Westf. Volkssternwarte und Planetarium, Stadtgarten Cäcilienhöhe, W-4350 Recklinghausen

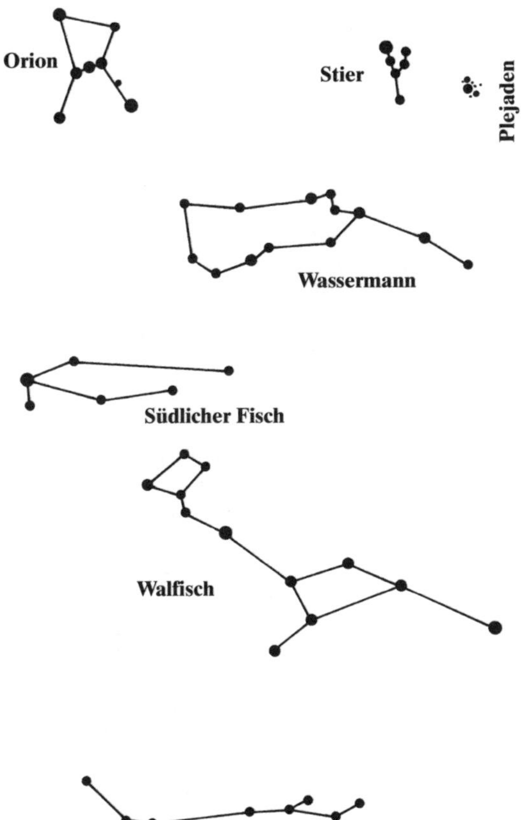

Das sind die schönsten Sternbilder am Winterhimmel

Tübingen
Astronom. Institut der Universität, Waldhäuser Str. 64, W-7400 Tübingen
Wien
Planetarium, Osswald-Thomas-Platz 1, A-1020 Wien
Universitäts-Sternwarte, Türkenschanzstr. 17, A-1180 Wien
URANIA-Sternwarte, Uraniastr. 1, A-1010 Wien
Wolfsburg
Planetarium, Uhlandweg 2, W-3180 Wolfsburg
Würzburg
Sternwarte der Universität, Johannes-Kepler-Str., W-8700 Würzburg

Milliarden Sterne auf der Milchstraße

Die meisten Sterngucker sind besonders von dem glitzernden Band aus unzähligen Sternen fasziniert, das wir die Milchstraße nennen. Der Name kommt, wie viele andere, aus der griechischen Mythologie. Man erzählt:

Als der sagenhafte Held Herakles noch ein Säugling war, legte ihn sein Vater Zeus an die Brust seiner Mutter Hera. Doch Herakles spürte schon damals seine gigantischen Kräfte und wollte sie offenbar auch erproben. Er zog so kräftig, daß ein mächtiger Schuß Milch sich über den Himmel ergoß, wo die Götter wohnten. Er hinterließ eine breite weiße Spur, die Milchstraße.

Niemand kann genau sagen, wie viele Sterne da zu sehen sind. Man schätzt, daß es etwa 150 bis 200 Milliarden sein könnten.

In Wirklichkeit ist, was uns da als Band erscheint, eine Scheibe, auf der sich diese Sterne spiralförmig um das gewaltige Zentrum anordnen. Zwischen den Sternen liegen Gasmassen. Der Durchmesser dieser Scheibe beträgt sage und schreibe 100 000 Lichtjahre! Unser Sonnensystem und damit auch unsere Erde befindet sich ziemlich weit außen am Rand der Scheibe. Und von hier sieht es so aus, als würden sich die Sterne wie ein Band um uns herum ordnen. Wenn wir Anfang Dezember etwa um 20 Uhr zum Himmel im Norden schauen, dann zieht sich dieses Band der Milchstraße genau von Osten nach Westen. Werfen wir drei Stunden später wieder einen Blick hinauf, so erstreckt sich die Milchstraße nun von Südost nach Nordwest. Nachts gegen 3 Uhr verläuft sie in Nord-Süd-Richtung. Anfang Februar ist solche Position bereits gegen 21 Uhr erreicht.

Orion berührt die Milchstraße mit der Schulter, der Stier mit Aldebaran, die Kassiopeia scheint auf ihr zu stehen.

Wer sich mit den Augen am Sternenhimmel zurechtfinden will, muß ab und an die Sternenkarte studieren

Mit Kindern gemeinsam

Suchen Sie Orion und Stier am Nordhimmel, den Südlichen Fisch, Fische, Walfisch und Wassermann am Südhimmel. Das alles sind Sternbilder, die im Osten auf- und im Westen untergehen. Wenn möglich beobachten Sie den Weg dieser Sternbilder, indem Sie sie mehrmals am Abend suchen. Schauen Sie sich zusammen mit dem Kind die Milchstraße immer wieder einmal an. Weil ihre Sterne recht lichtschwach sind, erscheint sie uns glitzernder, wenn wir uns möglichst weit weg aus der hellen Stadt ins Dunkel der nächtlichen Natur begeben. Optimal ist übrigens der Standort an Deck eines Ozeandampfers draußen auf dem Meer oder auf dem Gipfel eines Berges.

Wenn Ihr Kind im Schulalter ist, könnten Sie mit ihm zusammen einmal einen Einführungsvortrag im Planetarium besuchen. Meist finden solche zu Beginn des Jahres, also im Januar statt. Ist Ihr Kind im Kindergarten, so regen Sie beim Elternabend die Erzieher und Erzieherinnen einmal an, sich beim Planetarium um eine Sonderveranstaltung für Vorschulkinder zu bemühen. Für alle Kinder ist das Erlebnis von Nacht am hellichten Tag etwas ganz Besonderes, und sie folgen den Erläuterungen mit dem Leuchtpfeil am Sternenzelt mit größtmöglicher Aufmerksamkeit. Und auch Sie selbst werden sicher fasziniert sein.